Sciences de la Vie et de la Terre 6e

Sous la direction de
Monique DUPUIS
I. P. R. de l'académie de Nantes

Auteurs
Monique DUPUIS
I. P. R. de l'académie de Nantes
Sylvie MALLÉGOL
Professeur au collège Grand Air, La Baule (44)
Nadège COURRÉJOU
Professeur au collège Grand Air, La Baule (44)

Hatier

Avant-propos

Cet ouvrage propose un ensemble d'activités en relation directe avec le nouveau programme de SVT 6e.

S'il est bien évident que l'enseignant privilégie les activités pratiques avec ses élèves, un support permettant des activités complémentaires, à réaliser collectivement ou individuellement, est un outil intéressant.

Le contenu de ce livret a été conçu pour constituer le **support d'activités** de classe ou d'un travail complémentaire. L'enseignant, maître de sa démarche pédagogique, peut proposer ces activités à une place variée selon les situations de classe et la démarche choisie.

Cet ouvrage contient **30 thèmes**, chacun d'eux est traité sur une **page recto verso détachable**. Plusieurs activités sont proposées sur un même thème, mais chacune d'elles est une entité, ce qui facilite son insertion dans la démarche pédagogique choisie par l'enseignant.

Certaines de ces activités peuvent être faites par les élèves en préparation du cours, facilitant la mobilisation des acquis, tant cognitifs que méthodologiques ; d'autres peuvent trouver leur place pendant le cours ; d'autres enfin peuvent être données comme travail complémentaire, à faire hors du temps d'enseignement, pour consolider les nouveaux acquis.

Les élèves sont amenés à porter leurs réponses directement sur les feuillets, constituant ainsi une **trace écrite des activités réalisées** afin de faciliter ensuite l'apprentissage des leçons.

ISBN 978-2-218-93648-7

SOMMAIRE

Table des illustrations

Iconographie : Hatier Illustration
Infographie : Corédoc
Maquette : A-M Roederer
Mise en page : Graphismes

A Découvrir l'environnement proche

1 **Observe dans ton environnement proche, autour de ton collège ou de ton domicile, une dizaine d'éléments. Note leur nom.**

tree
grass
rocks
~~stone~~ air
houses
porch
chair
dirt
leaves
table

JE SAIS M'INFORMER

2 **Souligne de la même couleur les éléments qui, pour toi, appartiennent à un même groupe. Tu ne peux utiliser que trois couleurs : le rouge, le bleu et le vert.**

JE SAIS RAISONNER

3 **Quel nom peux-tu donner à chaque groupe ?**

Groupe rouge : product of human activity

Groupe bleu : matireal

Groupe vert : living beings

JE SAIS RAISONNER

4 **Complète le tableau en notant les 10 éléments que tu as observés dans ton environnement et compare-le à ton classement.**

Êtres vivants	Éléments minéraux non vivants	Constructions réalisées par l'Homme
tree	rock	house
grass	air	table
leaves	dirt	chair
Bug	stone	Porch

JE SAIS RAISONNER

B Préciser la notion d'être vivant

À partir de ces deux photographies, cite quatre verbes qui caractérisent les êtres vivants.

a. Chatte nourrissant ses petits.

b. Jeune chêne.

Tous les êtres vivants crawling, eating, drinking, siting | eating, drinking, growing, standing still

JE SAIS RAISONNER

C Utiliser une clé de détermination pour identifier un végétal

Lors de la découverte de ton environnement, tu as sûrement eu envie d'identifier les arbres rencontrés.
Tu peux le faire grâce à l'observation de leurs feuilles.

1 **Parmi les expressions ci-dessous, choisis l'expression qui te semble le mieux décrire les dessins A, B ou C, puis écris-la dans la case correspondante.**

1) Feuille à bords dentés **2)** Feuille à lobes arrondis **3)** Feuille pennée

	A	B	C
Feuilles observées			
Description	....	....	....

a. Trois dessins de feuilles d'arbres.

JE SAIS RAISONNER

2 **On appelle critère, un caractère observable, commun à plusieurs êtres vivants, qui permet de les regrouper. À partir de la clé de détermination (doc. b.), trouve le nom de l'arbre auquel appartient chacune des feuilles du document a.**

Dans chaque cas, précise, dans l'ordre, les critères que tu as choisis.

Feuille A : ....
Critères :
....
....

Feuille B : ....
Critères :
....
....

Feuille C : ....
Critères :
....
....

b. Un exemple de clé de détermination de quelques végétaux.

JE SAIS RAISONNER

Caractéristiques du milieu et répartition des êtres vivants (1)

A Identifier quelques caractéristiques mesurables du milieu de vie

À l'aide d'un dictionnaire, complète le tableau. Précise le nom de la caractéristique physique du milieu que ces appareils permettent de mesurer, ainsi que l'unité de mesure qui lui est associée.

Appareil de mesure	Caractéristique physique	Unité de mesure
Thermomètre	....	....
Hygromètre	....	....
Luxmètre	....	....

Appareils utilisés pour mesurer les caractéristiques d'un milieu de vie.

JE SAIS M'INFORMER

B Comparer des mesures réalisées dans des lieux différents

Caractéristique physique	Lieu A « ensoleillé »	Lieu B « ombragé »
Température	24 °C	18 °C
Taux d'humidité de l'air	63 %	77 %
Quantité de lumière	86 435 lux	754 lux

Tableau de mesures effectuées dans deux lieux d'exposition différente.

1 Rédige une phrase, pour chacun des cas, en utilisant l'un des mots suivants : *plus, moins, autant*.

a • Compare la température des lieux A et B du tableau.

....

.... JE SAIS COMMUNIQUER

b • Compare le taux d'humidité de l'air des lieux A et B du tableau.

....

.... JE SAIS COMMUNIQUER

c • Compare la quantité de lumière des lieux A et B du tableau.

....

.... JE SAIS COMMUNIQUER

2 Quelle remarque peux-tu faire quant aux caractéristiques physiques qui règnent dans les différents milieux ?

....

....

....

JE SAIS RAISONNER

C Répartition des êtres vivants et caractéristiques du milieu

1 Lis les cartes d'identité des êtres vivants présentés ci-dessous.

a • Place leur symbole respectif au bon endroit sur le schéma.
b • Souligne dans les textes ce qui t'a permis de les localiser.

« Je suis un pyrrhocore, on me connaît davantage sous le nom de gendarme.
Je vis en groupe sur la base des troncs d'arbres. Mon arbre préféré est d'ailleurs le tilleul. On me trouve souvent dans les endroits secs et ensoleillés où je me nourris de graines et de divers déchets. »

Symbole : 

« On m'appelle cloporte. Je suis un petit crustacé terrestre qui se nourrit uniquement de végétaux en décomposition. C'est pour cela que je me cache généralement sous les pierres ou les écorces, mais uniquement si celles-ci sont dans des lieux humides et sombres. »

Symbole : 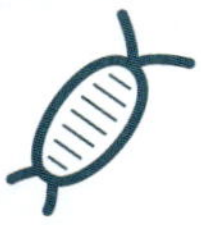

« Je suis un végétal très commun appelé mousse. On me trouve facilement dans les milieux ombragés plus ou moins humides. Je me développe donc très généralement à la base des troncs, ou sur des talus humides. »

Symbole : 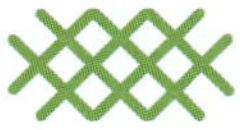

« On m'appelle lichen. Je suis un végétal commun qui n'a pas besoin de sol pour se nourrir. En effet, je prélève dans l'air tout ce dont j'ai besoin, c'est pourquoi j'aime me développer sur les rochers, les murs ou même les troncs d'arbres, mais à condition d'être bien réchauffé par les rayons du Soleil. »

Symbole : 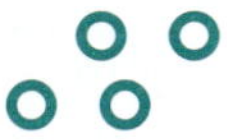

JE SAIS M'INFORMER ☺ ☹

2 Peut-on rencontrer au même endroit des pyrrhocores et des cloportes ? Justifie ta réponse.

. . . .

. . . .

. . . .

. . . .

. . . .

. . . . JE SAIS RAISONNER ☺ ☹

3 En conclusion, indique de quoi dépend la répartition des êtres vivants que tu observes sur cet arbre ?

. . . .

. . . .

. . . .

. . . .

. . . .

JE SAIS RAISONNER ☺ ☹

Caractéristiques du milieu et répartition des êtres vivants (2)

A Influence de l'heure du jour sur la répartition des êtres vivants

1 **Un guide de la nature indique que certains animaux sont diurnes et que d'autres sont nocturnes. Quelle différence fais-tu entre un mode de vie diurne et un mode de vie nocturne ?**

. . . .

. . . .

. . . .

JE SAIS M'INFORMER ☺ ☹

2 **À l'aide du logiciel documentaire « BC2i », que tu trouveras sur tous les ordinateurs de ton collège, recherche si les animaux de la liste suivante ont un mode de vie diurne ou nocturne :** *chouette effraie, buse variable, poisson clown, murène, blaireau, chat, bombyx et apollon.*

a • Indique dans les tableaux ci-dessous les références des livres et des sites internet auxquels te renvoie le logiciel.

Titre du livre	Auteur	Cote
. . . .	. . . .	. . . .
. . . .	. . . .	. . . .
. . . .	. . . .	. . . .
. . . .	. . . .	. . . .

a. Livres documentaires.

Titre du document	Adresse du site
. . . .	. . . .
. . . .	. . . .
. . . .	. . . .
. . . .	. . . .

b. Sites internet.

JE SAIS M'INFORMER ☺ ☹

b • À partir ces références que tu as notées, tu peux accéder aux documents du CDI et compléter le tableau ci-dessous.

Animal	Blaireau	Apollon	Buse variable	Bombyx	Poisson clown	Chouette effraie	Chat	Murène
Mode de vie	. . . .	. . . .	. . . .	. . . .	. . . .	. . . .	. . . .	. . . .

c. Mode de vie de quelques animaux.

JE SAIS M'INFORMER ☺ ☹

3 **Dans une prairie, est-il possible de voir en même temps, sur une même fleur, un apollon et un bombyx ? Justifie ta réponse.**

. . . .

. . . .

. . . .

. . . .

JE SAIS RAISONNER ☺ ☹

B Influence de la composition de l'eau sur la répartition des êtres vivants

Les amateurs de pêche savent que l'on ne trouve pas les mêmes poissons dans un océan et dans un fleuve.

Poissons présents dans l'océan Atlantique	Poissons présents dans un fleuve : la Loire
Bar	Civelle
Sole	Carpe
Dorade	Brême
Maquereau	Brochet
Congre	Sandre

Tableau de répartition de quelques poissons.

Quelle est la caractéristique physique du milieu aquatique qui pourrait expliquer qu'on ne trouve pas les mêmes poissons dans l'océan Atlantique et dans la Loire ?

. . . .

. . . .

. . . .

JE SAIS RAISONNER

C Influence de l'Homme sur la répartition des êtres vivants

La rénovation d'un collège a conduit l'Homme à modifier son environnement.

a. Environnement du collège en juin 2006.

b. Environnement du collège en octobre 2006.

1 Compare les deux photographies et indique :

a • Ce que l'Homme a supprimé pour réaliser les travaux.

. . . .

. . . .

. . . .

. . . .

b • Ce que l'Homme a construit dans cet environnement.

. . . .

. . . .

. . . .

JE SAIS M'INFORMER

2 Quelles sont les conséquences de tels travaux sur la répartition des êtres vivants dans cet environnement ?

. . . .

. . . .

. . . .

. . . .

. . . .

. . . .

. . . .

. . . .

. . . .

. . . .

JE SAIS RAISONNER

Variations du peuplement d'un milieu en fonction des saisons

A Migrer dans un autre pays pour passer l'hiver : la cigogne blanche

1 Lis la carte d'identité de la cigogne (doc. a.).

a • Complète la carte en coloriant en vert le lieu de ponte et en rouge le lieu d'hivernage.
b • Trace, à l'aide de flèches noires, le trajet que les cigognes effectuent au cours d'une année.
c • Précise les légendes.

Nom : Cigogne blanche.
Famille : Ciconiidés.
Habitat :
- De septembre à février, dans les régions chaudes d'Afrique de l'ouest.
- De février à septembre, dans l'est de la France.

Nourriture : rongeurs, vers de terre, insectes, escargots...
Période de ponte et couvaison des œufs : mars, avril.

a. Carte d'identité de la cigogne blanche.

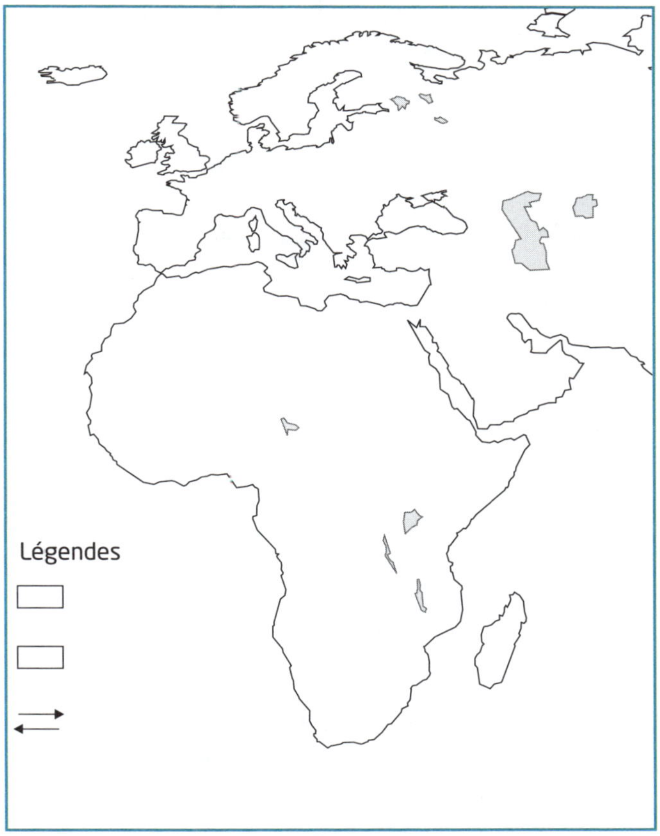

b. Trajets des migrations de la cigogne blanche.

JE SAIS COMMUNIQUER

2 Pour quelle raison les cigognes quittent-elles la France, au début de l'automne, pour aller en Afrique ?

. . . .

. . . .

. . . .

. . . .

. . . . JE SAIS RAISONNER

B Rester sur place et hiberner en hiver : la chauve-souris

« La chauve-souris est un petit mammifère volant nocturne.

À l'automne, lorsque la température extérieure diminue, la chauve-souris s'endort la tête en bas dans des lieux calmes et protégés. Ses rythmes cardiaque et respiratoire ralentissent, elle cesse de s'alimenter et utilise alors les réserves de graisse qu'elle a réalisées durant tout l'été : c'est l'hibernation.

Au printemps, la chauve-souris se réveille et reprend ses activités nocturnes.

Elle chasse les insectes à nouveau présents dans son environnement. »

1 À quel moment de l'année la chauve-souris hiberne-t-elle ? Pour quelles raisons ?

. . . .

. . . .

. . . .

. . . .

JE SAIS M'INFORMER

2 Recherche trois autres mammifères qui hibernent comme la chauve-souris.

. . . .

. . . .

. . . .

. . . .

JE SAIS M'INFORMER

C Passer l'hiver sous une autre forme : le cosmos et la tulipe

Afin de résister au froid de l'hiver, les plantes adoptent diverses stratégies. Ainsi, la tulipe et le cosmos passent l'hiver sous des formes différentes.

SAISON / DÉVELOPPEMENT	Printemps	Été	Automne	Hiver
Étapes de développement de la tulipe	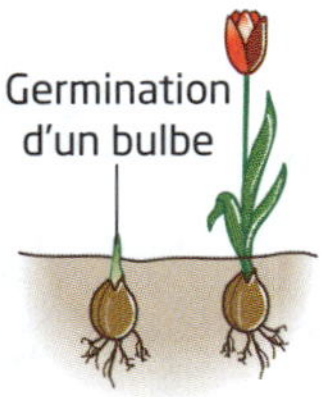		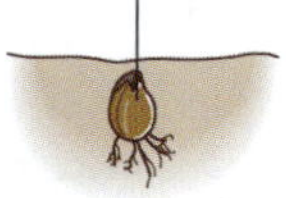	
Étapes de développement du cosmos				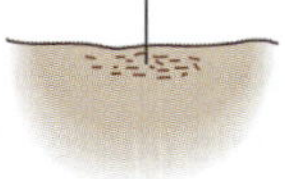

Les différentes formes de la tulipe et du cosmos au cours des saisons.

1 **À partir du tableau, indique quelles sont les plantes fleuries que l'on peut observer à chaque saison.**

- Printemps : ……………………………
- Été : ……………………………
- Automne : ……………………………
- Hiver : ……………………………

JE SAIS M'INFORMER ☺ ☹

2 **Sous quelles formes le cosmos et la tulipe passent-ils l'hiver ?**

……………………………

JE SAIS M'INFORMER ☺ ☹

3 **Pourquoi ces formes résistent-elles mieux à l'hiver que la plante entière ?**

……………………………

JE SAIS RAISONNER ☺ ☹

4 **Sachant que le cosmos est une plante dite annuelle et que la tulipe est une plante dite vivace, propose une explication à ces deux expressions.**

- Plante annuelle :

……………………………

- Plante vivace :

……………………………

JE SAIS RAISONNER ☺ ☹

5 **Recherche dans un catalogue de jardinage deux autres exemples de plantes annuelles et deux autres exemples de plantes vivaces.**

……………………………

JE SAIS M'INFORMER ☺ ☹

Alternance des formes de vie et développement des êtres vivants

A L'alternance des formes de vie chez les animaux

1 **Utilise les mots écrits en gras dans le texte ci-dessous pour compléter les étapes du développement du papillon, sur le cycle schématisé.**

> *À la fin du printemps, le papillon mâle* ***adulte*** *s'accouple avec la femelle.*
> *Au cours de l'été, la femelle pond des* ***œufs****, desquels vont sortir de petites* ***larves*** *appelées* ***chenilles*** *qui se mettent aussitôt en quête de nourriture.*
> *En automne, la chenille se transforme en* ***chrysalide*** *qui se fixe sur les tiges des plantes ; elle passe ainsi l'hiver immobile sans se nourrir.*
> *Au début du printemps, la chrysalide se transforme en* ***papillon adulte*** *capable de se reproduire.*

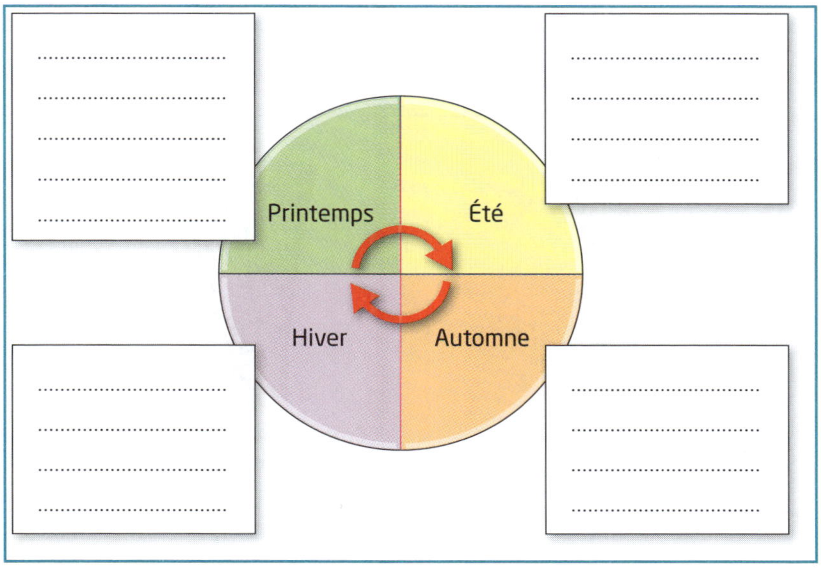

Les étapes du développement du papillon.

JE SAIS M'INFORMER ☺ ☹
JE SAIS COMMUNIQUER ☺ ☹

2 **Recherche les informations sur la vie de la grenouille pour compléter le tableau.**

Au cours de la première année de sa vie, la grenouille subit de grands bouleversements, à la fois de forme et de mode de vie.

Saison	Printemps	Eté	Automne	Hiver
Forme de vie (adulte ou larve)	....	....	....	....
Milieu de vie	....	....	....	....
Organes de respiration	....	....	....	....
Régime alimentaire	....	....	....	....

Les étapes du développement et les modes de vie de la grenouille.

JE SAIS M'INFORMER ☺ ☹
JE SAIS COMMUNIQUER ☺ ☹

3 **Complète les phrases en utilisant les mots suivants :** *adulte, mode, larves, formes, transformation, vie, œufs.*

« Au cours de leur .... , certains animaux présentent une alternance de .... Ainsi, suite à l'accouplement, la femelle pond de nombreux .... qui vont donner naissance à des .... de forme très différente de celle de l' .... Chaque larve va alors subir une importante .... appelée métamorphose qui aboutira à la forme adulte. Cette transformation s'accompagne parfois d'un changement de .... de vie. »

JE SAIS RESTITUER ☺ ☹

B L'alternance des formes de vie chez les végétaux

1 **L'hiver, le paysage change. Quelles modifications observe-t-on, à ce moment là, sur la majorité des arbres ?**

. . . .

. . . .

JE SAIS M'INFORMER

Au printemps suivant, de nouveaux rameaux feuillés se développent.

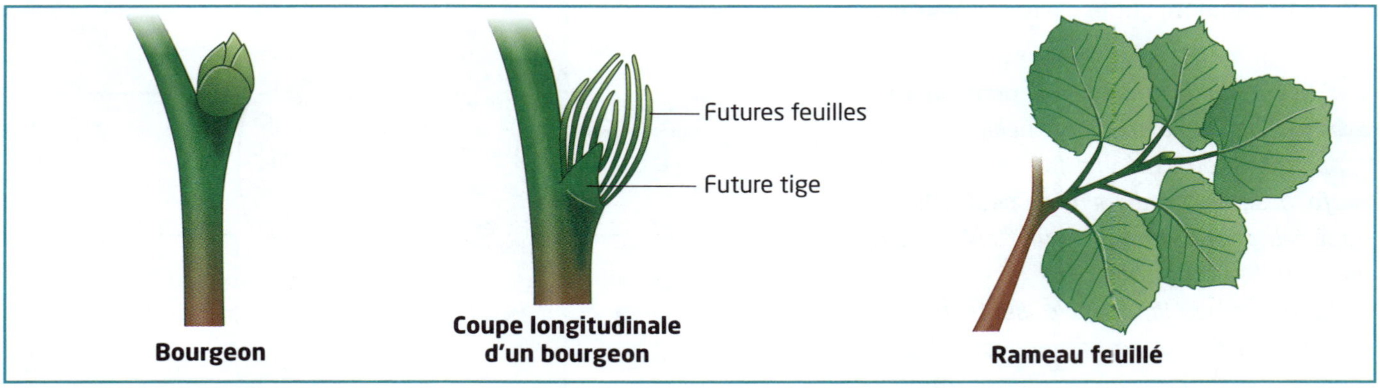

Le développement d'un rameau feuillé de tilleul.

2 **À partir de ce document, détermine sous quelle forme se trouve le rameau feuillé de l'arbre avant de se développer.**

. . . .

. . . .

JE SAIS M'INFORMER

« Les plantes vivaces sont toujours présentes dans le milieu au cours des différentes saisons. Toutefois, elles ne se présentent pas toujours sous la même forme. »

3 **Retrouve sous quelle forme se présente la jacinthe au cours de l'hiver.**

. . . .

. . . .

. . . . JE SAIS M'INFORMER

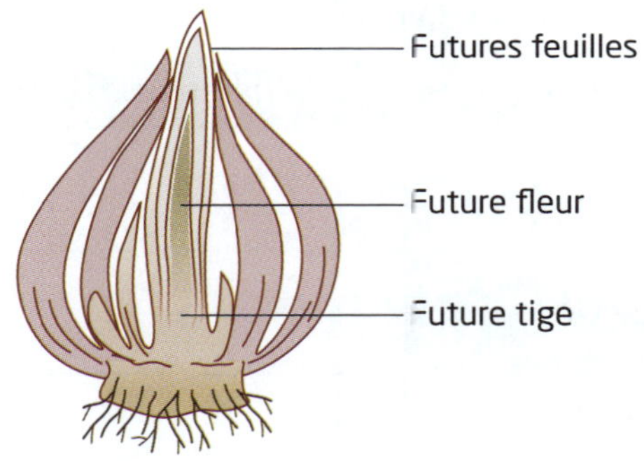

Coupe longitudinale d'un bulbe de jacinthe.

4 **Que vois-tu à l'intérieur du bulbe qui puisse être à l'origine de la plante, telle que tu pourras l'observer au printemps ?**

. . . .

. . . .

JE SAIS M'INFORMER

5 **Complète les phrases en utilisant les mots suivants :** *bulbe, vie, végétaux, bourgeon, formes.*

« Au cours de leur . . . . , certains végétaux présentent une alternance de . . . . Ainsi, parmi les . . . . , certains passent d'une forme feuillée à une forme dénudée, tandis que d'autres végétaux, tels que la jacinthe ou la tulipe, disparaissent de la surface pour ne rester que sous la forme de . . . . Dans les deux cas, les futures feuilles et fleurs sont abritées dans un . . . . »

JE SAIS RESTITUER

Des formes de dispersion des végétaux : les spores et les graines

A Des végétaux différents : ceux qui fleurissent et ceux qui ne fleurissent pas

À partir de tes connaissances et des informations fournies sur les différents végétaux, classe-les dans le tableau ci-dessous.

*« Les **conifères** doivent leur nom du fait que leurs organes reproducteurs sont regroupés en « cônes ». Les cônes femelles sont constitués d'écailles qui s'écartent afin de permettre la pénétration du pollen. Les graines issues de cette fécondation sont généralement pourvues d'une aile qui facilite leur dispersion. »*

*« Les **algues** sont des végétaux sans racines, sans feuilles et sans tige qui se reproduisent comme les mousses et les fougères. Elles produisent des spores qui sont dispersées par l'eau. »*

*« Les **arbres fruitiers** sont cultivés pour leurs fruits comestibles. Ces fruits sont issus de la transformation de la fleur après fécondation. »*

*« Les **cactus** sont des plantes des déserts et régions chaudes du continent américain. Ils présentent un grand intérêt pour les botanistes, car ils possèdent à la fois des fleurs primitives et des organes végétatifs hautement spécialisés dans la résistance aux conditions de vie extrêmes. »*

*« Les **mousses** sont des végétaux terrestres les plus simples. Elles possèdent une tige et des feuilles, mais n'ont pas de racines. Elles ne fleurissent pas, mais produisent des spores qui sont transportées par le vent. »*

*« Les **fougères** sont particulièrement abondantes dans les régions tropicales humides et équatoriales où elles constituent alors un couvert végétal dense et luxuriant sans qu'aucune fleur n'apparaisse, mais nous pouvons observer la formation de spores. »*

*« Les **graminées** sont en général des plantes herbacées dont la tige porte de nombreuses petites fleurs formant une inflorescence caractéristique, en épi. Après fécondation, chaque fleur se transformera en fruit. »*

Plantes à fleurs qui produisent des graines	Plantes qui produisent des spores
....	....
....	....
....	....
....	....
....	....
....	....
....	....

JE SAIS M'INFORMER ☺ ☹

B Des formes de dispersion différentes

1 **Sur chacun des cycles de vie ci-dessous, place les mots suivants :** *reproduction, germination, développement, dispersion.*

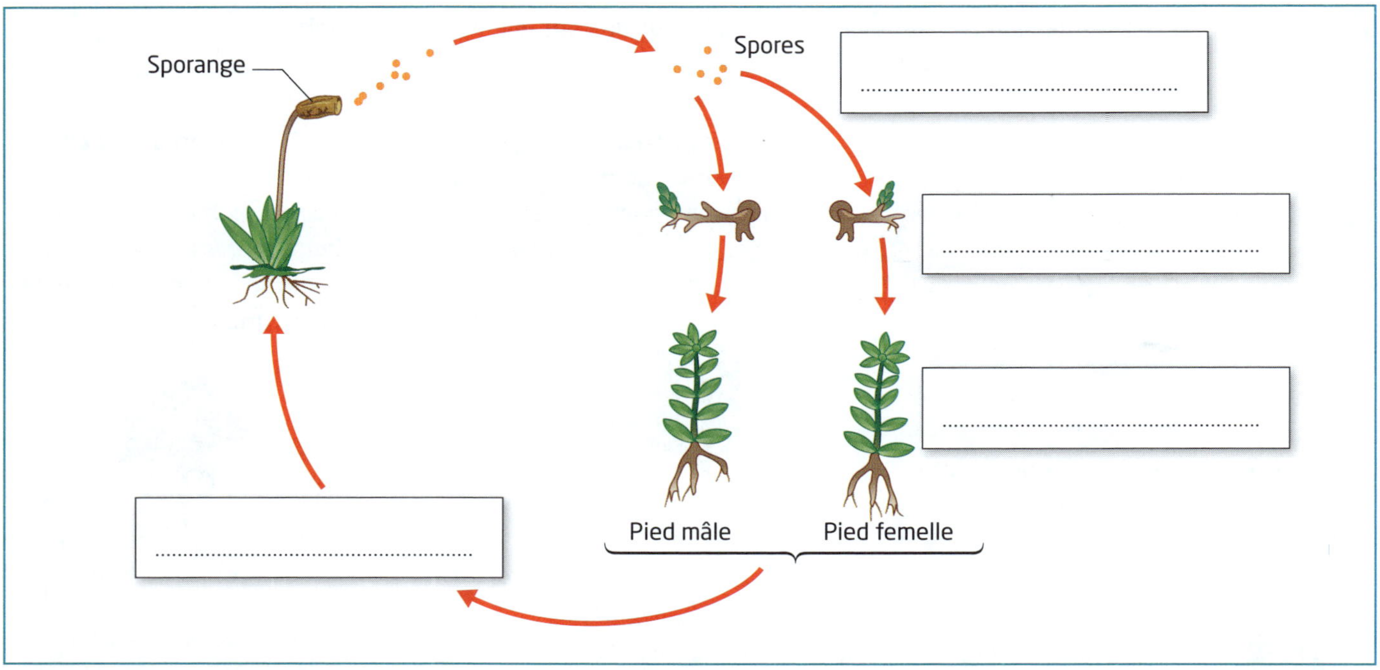

Cycle de vie du polytric (mousse), plante qui produit des spores.

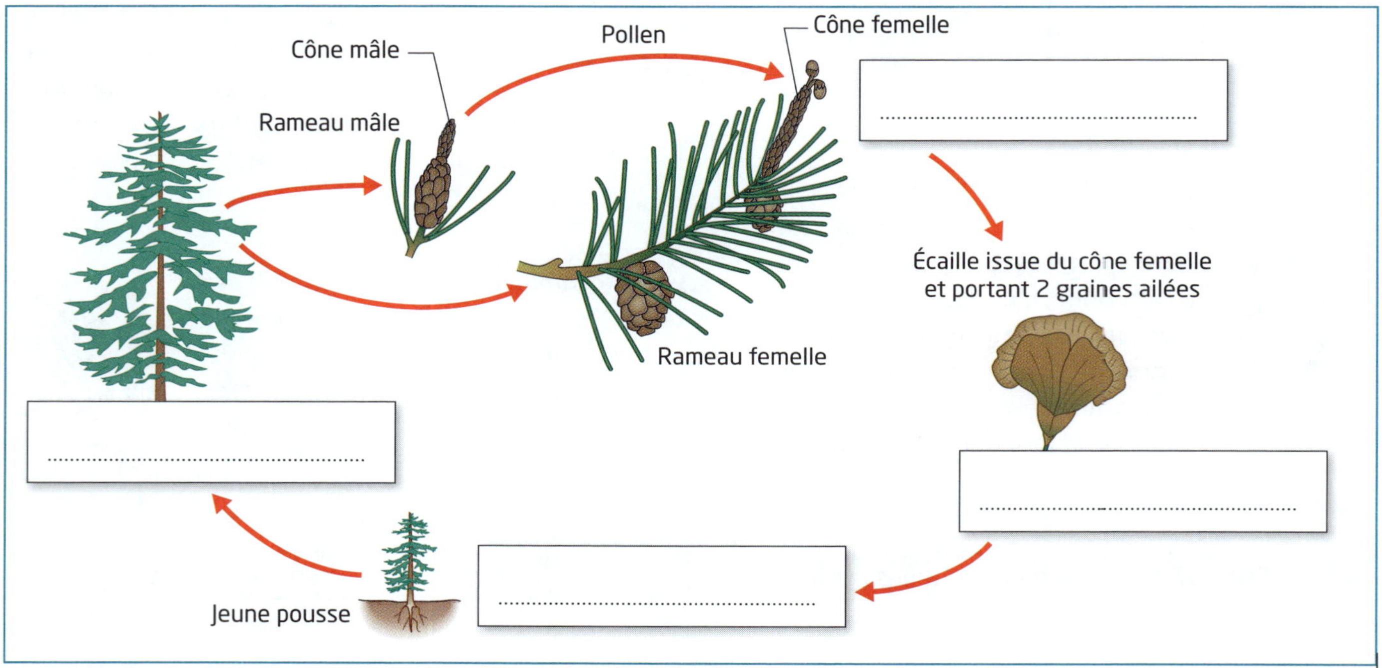

Cycle de développement d'un conifère, plante qui produit des graines.

JE SAIS RAISONNER

2 **Quelles sont les formes de dispersion des plantes à fleurs ? Quelles sont celles des plantes sans fleurs ?**

. . . .

. . . .

. . . .

JE SAIS RAISONNER

Dissémination des semences

fiche 7

A Se disperser par l'intermédiaire des graines

> « *Une semence est une graine libre ou enfermée dans un fruit.*
> *Certaines semences possèdent un système d'accrochage qui leur permet de se coller à la fourrure des mammifères qui les sèment ainsi sans le savoir au cours de leurs déplacements. D'autres ont des attributs qui leur permettent d'être emportées plus ou moins loin par le vent. D'autres, encore, sont contenues dans des fruits que consomment les oiseaux. Toutefois, dans ce cas, les graines ne sont pas digérées et se retrouvent dans les fientes d'oiseaux à plusieurs kilomètres de là.* »

1 Plusieurs semences sont représentées dans le tableau ci-dessous. Pour chacune d'elles, indique :

a • quelle particularité physique de la semence peut servir à son transport (aile, panache plumeux, crochets, couleur attrayante...),
b • quel est son agent de dispersion (vent, animal...).

	Pissenlit	Clématite	Érable	Bardane	Aubépine
Semence		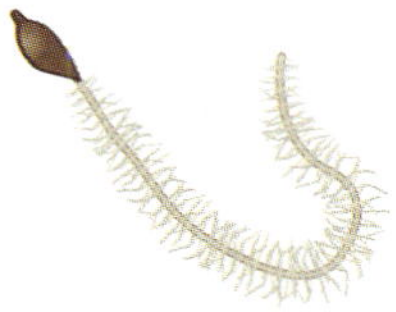	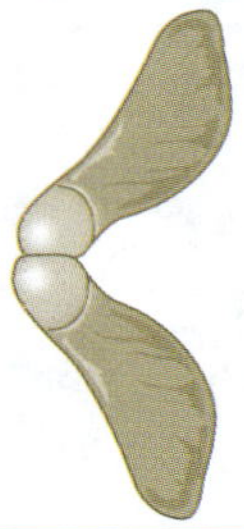	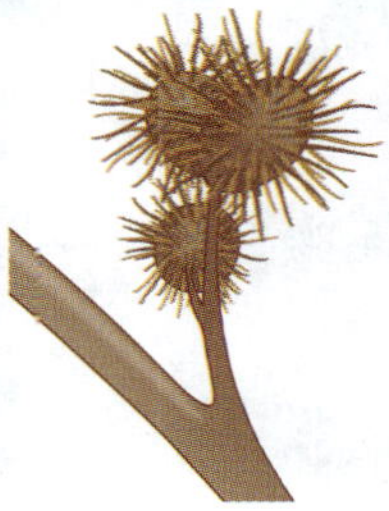	
Particularité de la semence utile à sa dispersion	....	....	....	....	....
Agent de dispersion	....	....	....	....	....

JE SAIS RAISONNER ☺ ☹

2 Rédige une ou deux phrases expliquant comment les semences parviennent à se disperser et à coloniser un nouveau milieu.

....
....
....
....
....

JE SAIS RESTITUER ☺ ☹

B Se disperser par l'intermédiaire de spores

« Le polypode est une fougère qui occupe les talus et les vieux murs. Sa partie aérienne est constituée de feuilles vertes découpées en lobes. Quelle que soit la saison, le polypode ne fleurit jamais. Ce végétal sans fleur ne produit donc pas de graines.

Au dos de chaque feuille du polypode, on peut voir de nombreux amas de sporanges. Quand un sporange est mûr, il éclate et libère des spores. »

a. Feuille de polypode (x 1).

1 **Légende les deux photographies (doc. a. et b.) à l'aide des mots suivants :** *lobe foliaire, amas de sporanges, sporange et spore*.

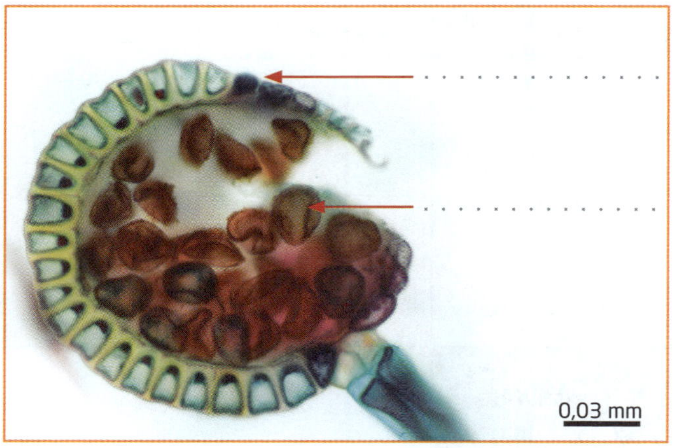

b. Vue détaillée d'un seul sporange observé au microscope optique (x 600).

JE SAIS M'INFORMER

2 **Sachant que chaque amas contient, en moyenne, 80 sporanges et que chaque sporange libère, en moyenne, 64 spores, calcule le nombre de spores que peut former un lobe foliaire** (par exemple celui qui est légendé).

JE SAIS RAISONNER

3 **Quel est l'agent de dispersion (vent ou animaux) qui va permettre le transport de la spore sur une plus ou moins grande distance ? Justifie ta réponse.**

JE SAIS RAISONNER

Germination des semences et conditions du milieu

A Influence des conditions du milieu sur la germination

« La graine est la forme sous laquelle les végétaux annuels passent l'hiver. En général, ces graines germent au printemps. À cette époque de l'année, les conditions climatologiques changent. »

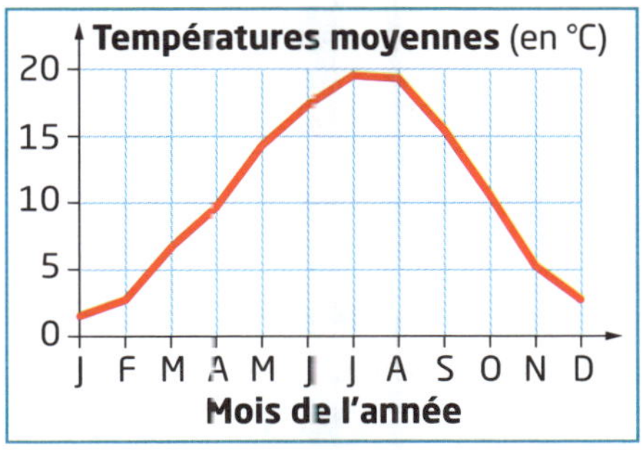

a. Variations de température enregistrées à Strasbourg au cours d'une année.

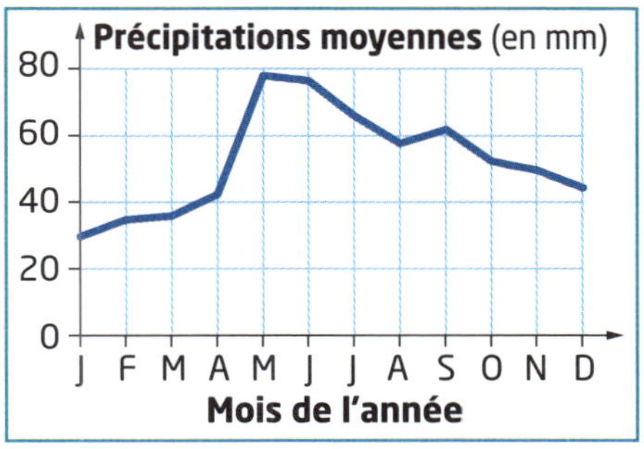

b. Variations de précipitations enregistrées à Strasbourg au cours d'une année.

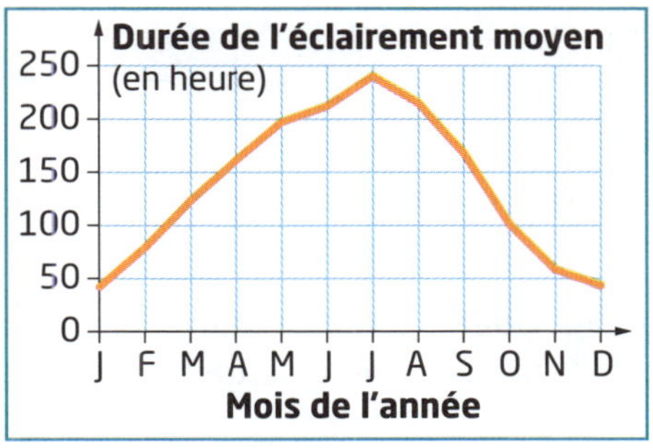

c. Variations d'éclairement enregistrées à Strasbourg au cours d'une année.

1 Sur chacun des graphiques, délimite la période qui correspond au printemps. Puis, à partir de l'étude des graphiques, indique comment évoluent la luminosité, l'humidité et la température au cours de cette période.

. . . .

. . . .

. . . .

JE SAIS M'INFORMER ☺ ☹

2 À l'aide de la réponse précédente, complète l'hypothèse ci-dessous.

« On suppose que . . . .

. . . . *jouent un rôle dans la germination des graines au printemps. »*

JE SAIS RAISONNER ☺ ☹

« Pour vérifier cette hypothèse, il faut mettre en place une (ou plusieurs) expérience(s). Pour qu'une expérience soit exploitable, il faut faire varier un seul facteur ; les autres restent constants. On propose donc de tester, indépendamment les unes des autres, les caractéristiques physiques du milieu considérées dans l'hypothèse précédente. »

Caractéristique physique testée	Température	Luminosité	Humidité
Expérience témoin	Graines Eau Lumière **20 °C**	Graines Eau . . . . 20 °C	
Expérience test	Graines Eau Lumière **0 °C**	Graines Eau . . . . 20 °C	

d. Protocole d'expérience à suivre pour tester l'influence de la température, de la luminosité et de l'humidité.

3 Complète le tableau, en précisant les conditions expérimentales à mettre en œuvre pour tester les deux autres caractéristiques physiques (luminosité et humidité).

JE SAIS RAISONNER ☺ ☹

B Déterminer les conditions nécessaires à la germination des graines

Pour connaître les conditions de germination des graines, des élèves mettent à germer des graines de lentilles dans des boîtes de Pétri. Celles-ci sont placées dans des conditions expérimentales différentes.

Expérience	Caractéristiques physiques du milieu			Résultats
	Humidité	Température	Lumière	
1	80 %	25 °C	20 000 lux	Germination
2	80 %	2 °C	20 000 lux	Pas de germination
3	80 %	25 °C	0 lux	Germination
4	0 %	25 °C	20 000 lux	Pas de germination

Résultats de différentes expériences menées pour tester les conditions nécessaires à la germination des graines.

1 **Quelle caractéristique physique du milieu varie entre les expériences 1 et 2 ?**

. . . .

. . . .

. . . .

JE SAIS M'INFORMER

2 **Quelle conclusion peux-tu déduire des résultats des expériences 1 et 2 ?**

. . . .

. . . .

. . . .

JE SAIS RAISONNER

3 **Quelle caractéristique physique du milieu varie entre les expériences 1 et 3 ?**

. . . .

. . . .

. . . .

JE SAIS M'INFORMER

4 **Quelle conclusion peux-tu déduire des résultats des expériences 1 et 3 ?**

. . . .

. . . .

. . . .

JE SAIS RAISONNER

5 **Quelle caractéristique physique du milieu varie entre les expériences 1 et 4 ?**

. . . .

. . . .

. . . .

JE SAIS M'INFORMER

6 **Quelle conclusion peux-tu déduire des résultats des expériences 1 et 4 ?**

. . . .

. . . .

. . . .

JE SAIS RAISONNER

7 **À partir des analyses précédentes, complète le bilan en utilisant les mots suivants :** *lumière, température, graines, humidité.*

« En cours de SVT, Jérémy a appris que pour que les . . . . germent, elles doivent se trouver à une certaine . . . . et avoir en même temps de l'. . . . . En revanche, à sa grande surprise, la . . . . n'est pas indispensable à la germination. »

JE SAIS RESTITUER

« Jérémy décide de mettre en application ce qu'il a appris. Il sème donc, au printemps, des graines de laitue et de tomate dans le potager de son grand-père. En achetant les graines, il est étonné de lire sur les sachets que la température idéale de germination des graines de laitue est comprise entre 7 et 18 °C, alors que celle des graines de tomate est comprise entre 20 et 22 °C. »

8 **Quelle information supplémentaire apporte la découverte de Jérémy quant à la température de germination des graines ?**

. . . .

. . . .

. . . .

JE SAIS RAISONNER

La fleur

A Décrire une fleur : exemple de la moutarde des champs

La moutarde des champs est une plante à fleurs jaunes que l'on trouve très fréquemment dans les champs, sur les talus ou dans les terrains fraichement remués.

Lis les définitions ci-dessous et place les légendes au bon endroit sur le schéma (doc. b.), puis colorie chaque partie de la fleur avec sa couleur appropriée.

Sépales : petites languettes vertes qui protègent les autres parties de la fleur quand celle-ci est en bouton.

Pétales : languettes jaunes donnant la forme générale de la fleur et sa couleur. Elles jouent aussi un rôle protecteur pour les parties internes de la fleur.

Étamines : fines tiges blanches portant des extrémités renflées contenant du pollen orangé. Elles sont au nombre de six : quatre grandes et deux petites. Ce sont les organes reproducteurs mâles de la fleur.

Pistil : partie centrale de la fleur, de couleur verte. Il joue le rôle d'organe reproducteur femelle.

Ovules : cellules reproductrices femelles situées dans l'ovaire, à la base du pistil.

a. La moutarde des champs.

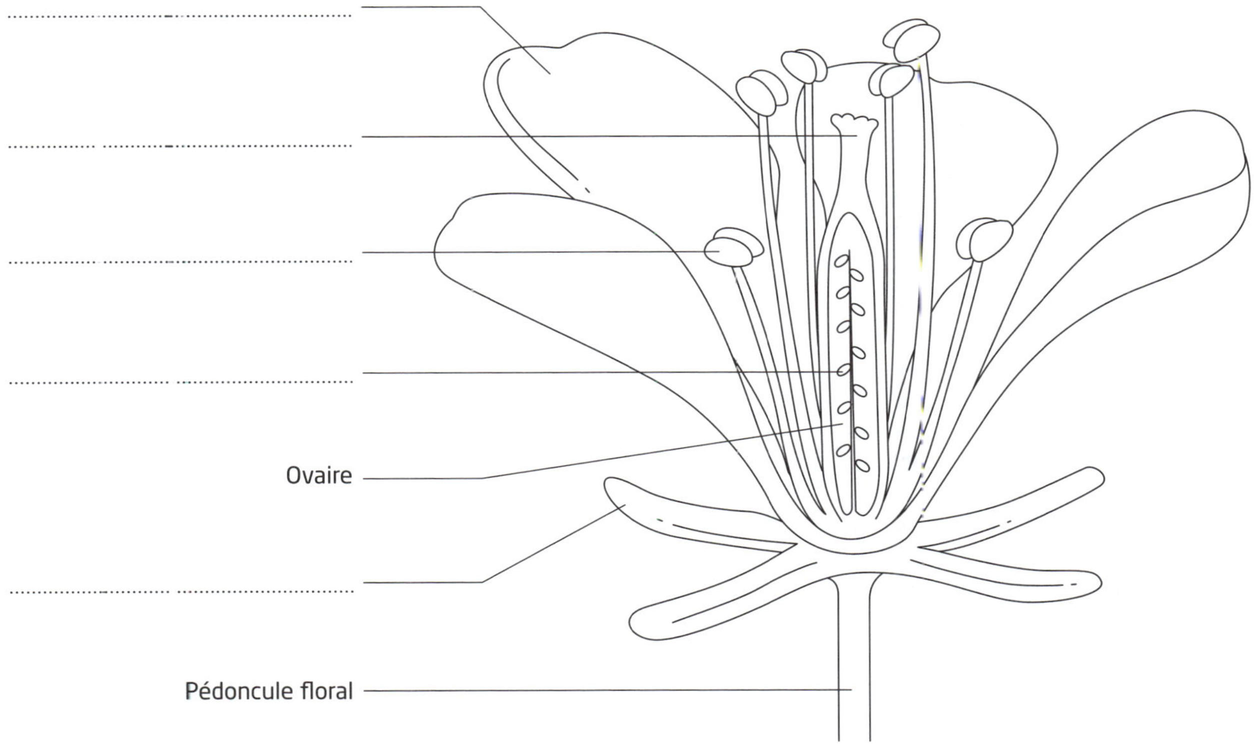

b. La fleur de moutarde (vue en coupe longitudinale).

JE SAIS M'INFORMER

B Disséquer la fleur de moutarde des champs

1 **Prélève dans ton environnement proche une fleur de moutarde des champs. À l'aide d'une pince, détache successivement les quatre sépales, les quatre pétales, les six étamines et enfin le pistil.**

JE SAIS RÉALISER

2 **Dispose-les dans les cadres ci-dessous et recouvre-les de papier adhésif transparent afin de les coller.**

Quatre sépales	Quatre pétales	Six étamines	Le pistil

JE SAIS COMMUNIQUER

C Comparer des fleurs

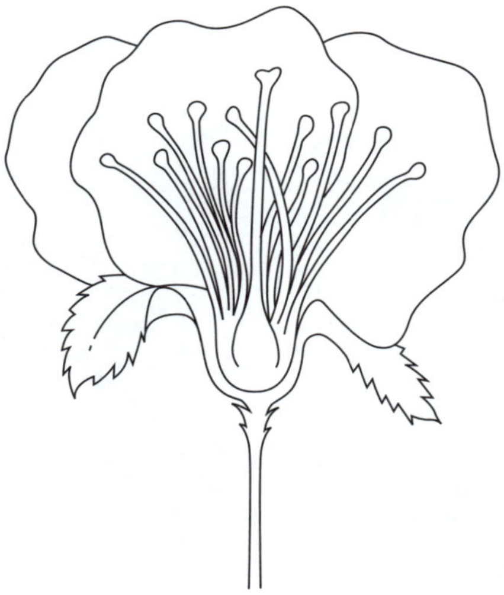

a. Fleur d'abricotier (vue en coupe longitudinale).

b. Fleur de Lys (vue en coupe longitudinale).

Sur les schémas ci-dessus, colorie chaque élément constitutif (sépales, pétales...) avec une couleur différente. Précise la légende des couleurs utilisées.

Légende :

= ....

= ....

= ....

= ....

JE SAIS RESTITUER

La formation de la graine

A Comparer la fleur et le fruit d'une même plante

1 **D'après tes connaissances sur la fleur, légende la photo (doc. a.).**

a. Fleur de pois de senteur coupée longitudinalement (x 3).

b. Fruit (gousse) du pois de senteur, contenant les graines (x 3).

2 **Compare les structures du fruit du pois de senteur (doc. b.) à celles qu'il y a dans la fleur (doc. a.). Que remarques-tu ?**

. . . .

. . . .

. . . .

JE SAIS RAISONNER ☺ ☹

B Découvrir le rôle du pollen dans la formation de la graine

1 **Compare les expériences A et B et propose une explication au fait que, dans l'expérience B, le pistil ne se transforme pas en fruit.** (L'expérience A correspond à ce qui se passe dans la réalité.)

. . . .

. . . .

. . . .

2 **Quelle différence observes-tu entre les expériences B et C ? Que peux-tu en déduire ?**

. . . .

. . . .

. . . .

. . . .

. . . .

. . . .

JE SAIS RAISONNER ☺ ☹

Expérience	**A**	**B**	**C**
	Fleur épanouie et complète	On supprime les étamines d'une fleur non encore épanouie et on entoure le pistil de gaze.	Même dispositif qu'en B, mais on dépose du pollen d'une autre fleur de même espèce sur le pistil avant de mettre la gaze.
Dispositif	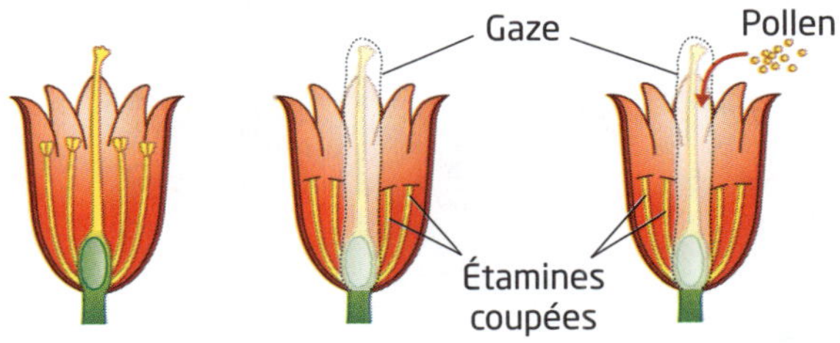		
Résultat	Le pistil se transforme en fruit contenant les graines.	Le pistil ne se transforme pas en fruit. Il meurt.	Le pistil se transforme en fruit contenant les graines.

c. Une expérience historique : le rôle du pollen dans la formation de la graine.

C Résumer les différentes étapes de la formation de la graine

À l'aide de tes connaissances, complète le texte suivant.

Les graines proviennent des . . . . contenus dans le pistil de la fleur.

La formation de la graine nécessite le dépôt du . . . . des étamines sur le . . . . de la fleur pour permettre la fécondation.

JE SAIS RAISONNER

D Le rôle des insectes dans la pollinisation

« *Le vanillier est une plante à fleurs originaire d'Amérique centrale. Le fruit (la gousse de vanille, qui contient de nombreuses petites graines noires) ne peut se former que grâce à l'intervention d'un insecte.*

Jusqu'au XIXe siècle, en dehors de l'Amérique, les pieds de vanillier ne donnaient jamais de fruits, jusqu'au jour où Edmond Albius eut une idée de génie : déposer du pollen des étamines sur le pistil à l'aide d'un bâton de bambou. Grâce à cette méthode de pollinisation, la culture de la vanille s'est développée dans d'autres régions du monde, notamment à la Réunion, où l'insecte pollinisateur est totalement absent. »

1 **Que signifie le terme « pollinisation » employé dans le texte ?**

. . . .

. . . .

. . . .

. . . .

JE SAIS M'INFORMER

2 **Indique comment la pollinisation de la vanille est assurée dans la nature.**

. . . .

. . . .

. . . .

JE SAIS M'INFORMER

E L'importance des abeilles pour la pollinisation

« *Depuis une dizaine d'années, les apiculteurs constatent la mort massive des abeilles qui sont soit empoisonnées par des pesticides, soit privées d'une nourriture variée.* »

1 **Sachant que les abeilles participent activement à la pollinisation des fleurs, quelles pourraient être les conséquences de la disparition des abeilles sur la production de fruits et donc sur l'alimentation de l'Homme ?**

. . . .

. . . .

. . . .

. . . .

. . . .

JE SAIS RAISONNER

2 **Que pourrait-on mettre en œuvre pour tenter de stopper la disparition des abeilles ?**

. . . .

. . . .

. . . .

. . . .

JE SAIS RAISONNER

Colonisation du milieu et reproduction végétative

A Se multiplier par un rhizome : exemple du polypode

Certains végétaux ont d'autres stratégies pour peupler un milieu, sans faire intervenir les graines et les spores. Il s'agit de la multiplication végétative.

1 Après avoir lu le texte ci-dessous, complète la légende du schéma à l'aide des mots notés en gras.

« *Le polypode est une fougère dont le* ***rhizome*** *correspond à une tige souterraine qui se développe horizontalement. Il est pourvu de nombreuses* ***racines*** *et se termine par un* ***bourgeon****. Le rhizome porte des* ***feuilles aériennes****.*

Chaque année, le rhizome se ramifie. Les jeunes ramifications se séparent pour donner des pieds indépendants. Les parties les plus âgées du rhizome meurent avant de disparaître. »

Schéma d'une fougère : le polypode.

JE SAIS M'INFORMER

2 Sachant que tous les ans, une partie du rhizome se développe et qu'une autre disparaît, replace sous chaque schéma les expressions qui lui correspondent.
Attention, il peut y avoir plusieurs expressions par schéma.

- Formation de pieds de polypode indépendants.
- Le jeune rhizome se ramifie.
- Sur chaque ramification, de nouvelles feuilles se forment.
- Les deux ramifications se séparent du rhizome initial.
- La partie ancienne du rhizome meurt.
- Le jeune rhizome se développe.
- Les feuilles les plus âgées meurent.

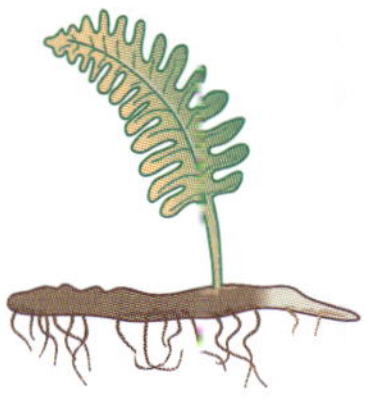	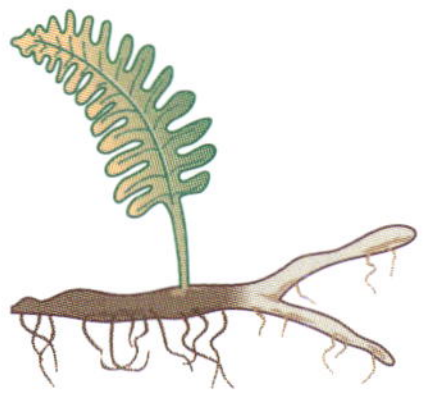		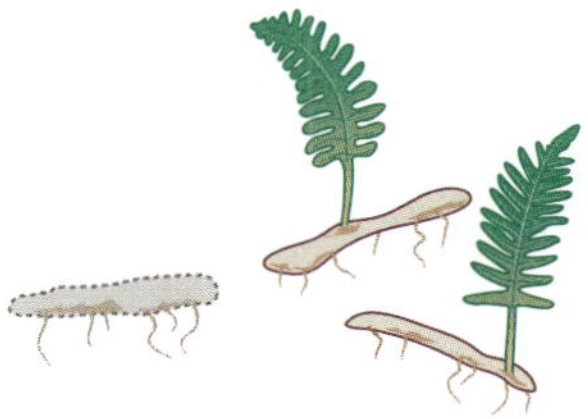
....	....	....	....

JE SAIS RAISONNER

B Se multiplier par un stolon : exemple du fraisier

« *Un pied de fraisier produit plusieurs tiges aériennes rampantes particulières appelées stolons. À l'extrémité de chaque stolon, on observe un bourgeon qui va alors donner un nouveau pied.* »

La multiplication végétative du fraisier.

1 **À partir des informations contenues dans le texte, complète la légende du schéma.**

JE SAIS M'INFORMER ☺ ☹

2 **Que doit faire, tous les ans, le jardinier afin que les fraisiers n'envahissent pas son jardin ?**

. . . .

. . . .

. . . .

. . . .

. . . .

JE SAIS RAISONNER ☺ ☹

C Préciser les avantages et les inconvénients de la multiplication végétative

« *Chaque année, les potagers sont envahis par le chiendent. Cette plante se développe rapidement grâce à son rhizome sur lequel se forment sans cesse de nouveaux pieds qui vont gêner le développement des autres plantes du potager.* »

Pied de chiendent avec rhizome.

« *Afin de produire rapidement et en grande quantité des pommes de terre, on ne sème pas de graines, mais on met en terre des tubercules sur lesquels les bourgeons vont se développer en nouveaux pieds de pommes de terre. Quelques mois plus tard, chaque plant de pomme de terre issu d'un tubercule produira à son tour plusieurs nouveaux tubercules.* »

Tubercules et tige d'un pied de pomme de terre.

› **À partir des différents exemples présentés dans cette page, indique les avantages et les inconvénients de la multiplication végétative.**

. . . .

. . . .

. . . .

. . . .

. . . .

. . . . JE SAIS M'INFORMER ☺ ☹

Bouturage et marcottage

A Multiplier des plantes par bouturage

« Certaines plantes peuvent se multiplier à partir d'organes comme les rhizomes et les stolons qui sont des tiges particulières.
Il est également possible de multiplier un grand nombre de plantes à partir d'une de leur tige : c'est le bouturage. »

Réaliser une bouture.

JE SAIS RÉALISER ☺ ☹

1 Réalise un bouturage.

a • Prépare le matériel suivant :
une paire de ciseaux et un verre transparent.
b • Choisis une plante telle qu'un bégonia, une misère, une impatiente, un géranium...
c • Réalise la bouture en coupant sur la plante l'extrémité d'une tige droite d'une dizaine de centimètres.
d • Débarrasse le rameau prélevé de ses boutons et de ses fleurs s'il y en a.
e • Place le rameau dans le verre contenant de l'eau.

2 Surveille la bouture pendant le mois qui suit la mise en route.

a • Dessine dans le tableau les modifications que tu observes.
b • Pour chaque dessin, note la date, les légendes et les modifications observées.

Dessin				
Date	(Jour du bouturage)	....	....	....
Modifications observées	....	....	....	....

JE SAIS COMMUNIQUER ☺ ☹

3 Lorsque les racines seront bien formées, mets la plante dans un pot contenant de la terre. JE SAIS RÉALISER ☺ ☹

B Multiplier des plantes par marcottage

« Le marcottage est une méthode de multiplication végétative qui permet, à partir d'une plante mère, de faire s'enraciner ses rameaux dans de la terre sans être détachés de celle-ci.

Lorsque les racines se sont développées, on sépare, en le coupant, le rameau de la plante mère.

Le marcottage est souvent utilisé pour les plantes dont le bouturage est plutôt difficile. »

Pratiquer le marcottage.

À l'aide des informations du texte et du schéma, indique les étapes nécessaires à la réalisation d'un marcottage.

. . . .

. . . .

. . . .

JE SAIS COMMUNIQUER

C Différents végétaux, différentes techniques de multiplication

1 **Les végétaux suivants sont communs dans les jardins et peuvent facilement être multipliés de manières différentes. Recherche pour chacun, la méthode de multiplication végétative employée (bouturage et/ou marcottage).**

- Chèvrefeuille : . . . .
- Rosier : . . . .
- Spirée : . . . .
- Rhododendron : . . . .
- Fuchsia : . . . .
- Forsythia : . . . .
- Seringat : . . . .
- Laurier rose : . . . .

JE SAIS M'INFORMER

2 **Cite trois avantages que procurent les deux méthodes de multiplication végétative (bouturage et marcottage) pour un jardinier amateur.**

. . . .

. . . .

. . . .

. . . .

JE SAIS RAISONNER

L'influence de l'Homme sur le peuplement des milieux

A La réhabilitation du sentier littoral

« La côte sauvage du Croisic (Loire-Atlantique) a subi de nombreuses dégradations ces dernières années : érosion naturelle par la mer, nettoyage des rochers suite à la pollution par le pétrole de l'Erika, qui a fait naufrage le 12 décembre 1999, piétinement important des promeneurs... Ainsi, les pelouses naturelles avaient pratiquement disparu à plusieurs endroits, tout au long des sept kilomètres de cette côte sauvage.

Conscients du problème, la municipalité et les services de l'État ont réagi rapidement, et un gros chantier de réhabilitation a été entrepris. Des pistes cyclables ont été aménagées, des chemins de promenade ont été délimités clairement, et des graines, récupérées dans les pelouses qui avaient résisté, ont été utilisées pour replanter les zones qui étaient dénudées.

Aujourd'hui, l'opération est un succès puisque les pelouses recouvrent à nouveau le littoral. »

La réhabilitation du sentier littoral a permis aux pelouses de recouvrir à nouveau le littoral (Batz-sur-Mer).

1 **Lis attentivement le texte ci-dessus, puis souligne :**

a • en rouge les différentes causes à l'origine de la dégradation de la végétation du sentier littoral,
b • en vert les différentes actions menées par l'Homme pour réhabiliter ce sentier.

JE SAIS M'INFORMER ☺ ☹

2 **À partir de ce que tu as souligné dans le texte, complète le schéma suivant afin de montrer les conséquences négatives et/ou positives de l'action de l'Homme sur le peuplement végétal du littoral.**

JE SAIS RAISONNER ☺ ☹

Causes de dégradation
. . . .
. . . .
. . . .
. . . .
. . . .

→ Conséquences sur le peuplement végétal
. . . .
. . . .
. . . .
. . . .
. . . .

→ Action de réhabilitation
. . . .
. . . .
. . . .
. . . .
. . . .
. . . .

→ Conséquences en cours sur le peuplement végétal
. . . .
. . . .
. . . .
. . . .
. . . .

B La réintroduction de l'ours brun dans les Pyrénées

a. Ours bruns des Pyrénées.

« Au XVIIIe siècle, l'ours brun était présent dans une grande partie de l'Europe. En France, on le trouvait dans les Alpes, les Pyrénées, le Jura et les Vosges.

De tout temps, l'Homme a chassé l'ours brun pour se débarrasser de ce prédateur qui tuait les troupeaux et autres animaux d'élevage. Ainsi le nombre d'ours bruns en France n'a cessé de diminuer et, au XXe siècle, il n'en restait plus que dans les Pyrénées.

Prenant conscience que la population d'ours bruns était sur le point de totalement disparaître de la France, les autorités ont réagi en prenant certaines décisions (tableau b.). »

	1900	1972	1980	1984	1990	1996	2006
Action de l'Homme	Chasse à l'ours	Arrêt de la chasse	L'ours est reconnu espèce protégée	Premier plan de sauvegarde		Introduction de 3 ours de Slovénie	Introduction de 5 ours de Slovénie
Nombre d'ours recensés	100		15		5	14	16

b. Action de l'Homme sur la population des ours bruns dans les Pyrénées.

1 **Dans le tableau b. :**

a • souligne en rouge les actions néfastes de l'Homme qui ont conduit à la disparition de l'ours,

b • souligne en vert les actions positives de l'Homme.

JE SAIS M'INFORMER

2 **À partir des données du tableau b., complète le graphique ci-contre afin qu'il représente l'évolution du nombre d'ours présents dans les Pyrénées de 1900 à 2006.**

JE SAIS RÉALISER

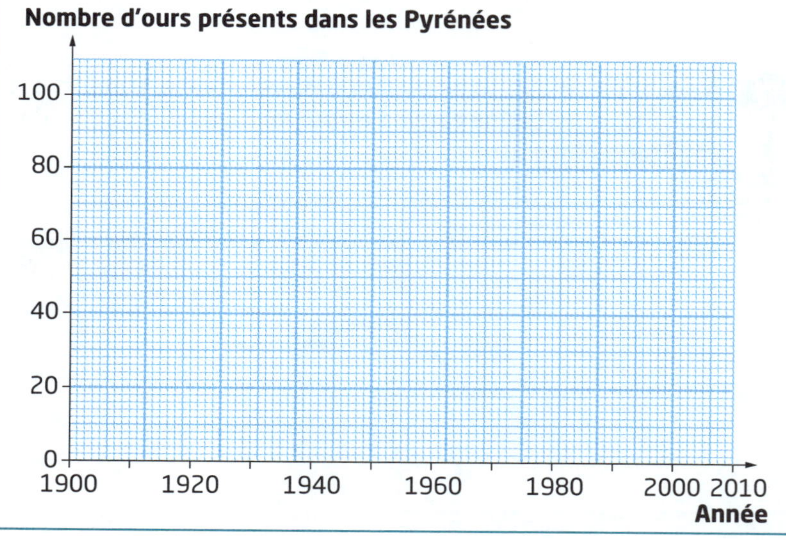

c. Évolution du nombre d'ours présents dans les Pyrénées de 1900 à 2006.

3 **Combien de temps a-t-il fallu pour que les décisions des autorités françaises commencent à être bénéfiques à la population des ours ?**

. . . .

. . . .

. . . .

. . . .

. . . .

JE SAIS M'INFORMER

4 **Au vu des résultats obtenus à ce jour, les mesures prises sont-elles suffisantes ? Quelles mesures pourrait-on mettre en place afin d'être plus efficace ?**

. . . .

. . . .

. . . .

. . . .

JE SAIS RAISONNER

Croissance des êtres vivants et production de matière

A Croissance d'un végétal

1 **Mesure, sur le document ci-contre, la taille de la tige de haricot aux différentes périodes et complète le tableau ci-dessous avec les valeurs obtenues.**

Date	Taille (cm)
5 ma *	0,8 cm
10 mai	. . . .
12 mai	. . . .
15 mai	. . . .
20 mai	. . . .
25 mai	. . . .

* La graine de haricot contient une plantule de 8 mm.

JE SAIS RÉALISER DES MESURES ☺ ☹

Les différentes étapes de la croissance d'un haricot.

2 **Reporte sur le graphique proposé les valeurs du tableau et relie les points pour obtenir une courbe.**

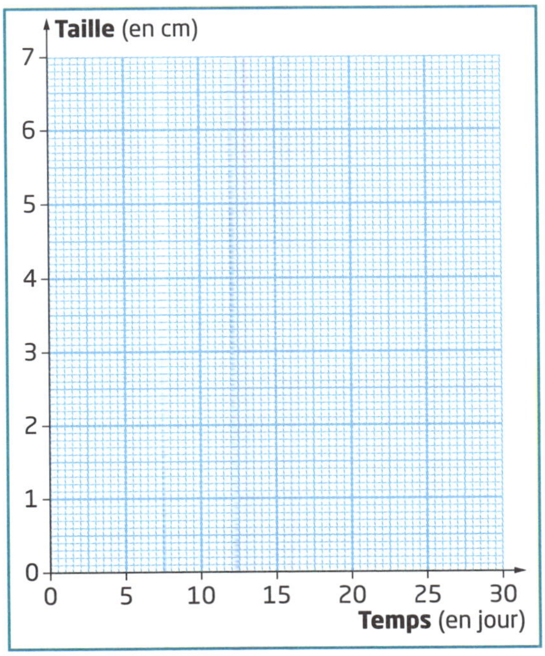

Titre : . . . .

. . . .

JE SAIS REPORTER DES VALEURS SUR UN GRAPHIQUE ☺ ☹

3 **Parmi les titres proposés ci-dessous, choisis celui qui te semble le meilleur pour le graphique que tu viens de faire et recopie ce titre sous le graphique.**

1) La taille du haricot.

2) Évolution de la masse du haricot en fonction du temps.

3) Évolution de la taille du haricot en fonction du temps.

4) Le haricot grandit.

JE SAIS RAISONNER ☺ ☹

4 **Rédige une phrase qui indique comment évolue la taille de la plante en fonction du temps.**

. . . .

. . . .

. . . .

. . . .

. . . .

. . . .

. . . .

JE SAIS EXPLOITER LES RÉSULTATS ☺ ☹

B Croissance d'un animal

1 **À partir du tableau de mesures fourni ci-dessous, réalise un graphique qui montre l'évolution de la masse de l'animal en fonction du temps.**

Nombre de jours	Masse d'un oisillon
Naissance	15 g
5 jours	56 g
10 jours	125 g
15 jours	190 g
20 jours	275 g
25 jours	300 g
30 jours	320 g

a. Masse moyenne (en grammes) d'un oisillon de chouette effraie en fonction de son âge.

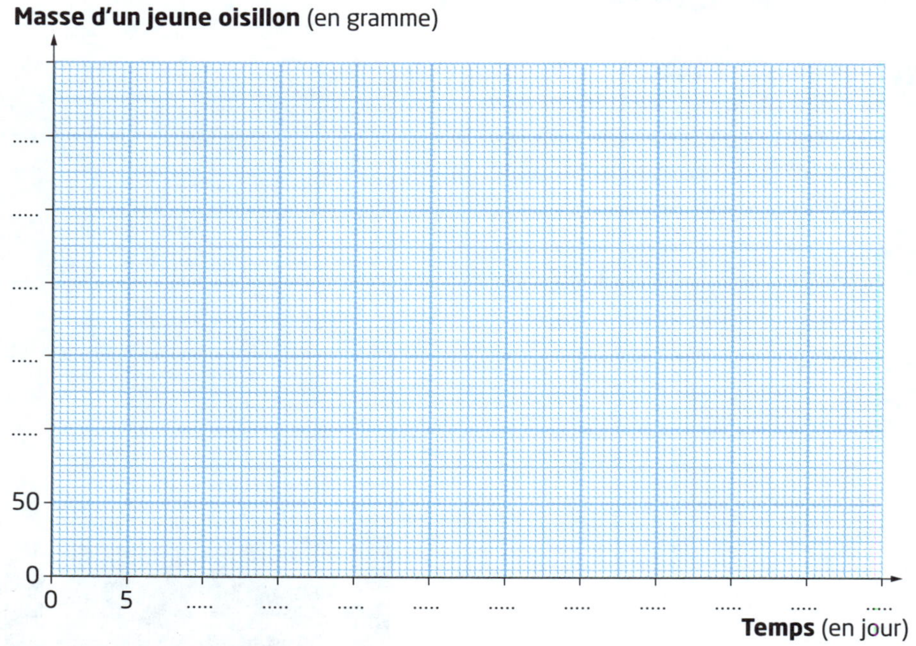

b. Évolution de la masse d'un oisillon de chouette effraie au cours du premier mois de sa vie.

JE SAIS RÉALISER UN GRAPHIQUE ☺ ☹

2 **Rédige une phrase qui indique comment évolue la masse de l'oisillon de chouette effraie en fonction du temps.**

. . . .

. . . .

. . . .

. . . .

JE SAIS EXPLOITER LES RÉSULTATS ☺ ☹

C Croissance des êtres vivants

Pourquoi peut-on penser que tous les êtres vivants sont des producteurs de matière ?

. . . .

. . . .

. . . .

. . . .

. . . .

. . . .

. . . .

. . . .

JE SAIS RAISONNER ☺ ☹

Se nourrir pour assurer sa croissance

A Bien nourrir son animal de compagnie pour assurer sa croissance

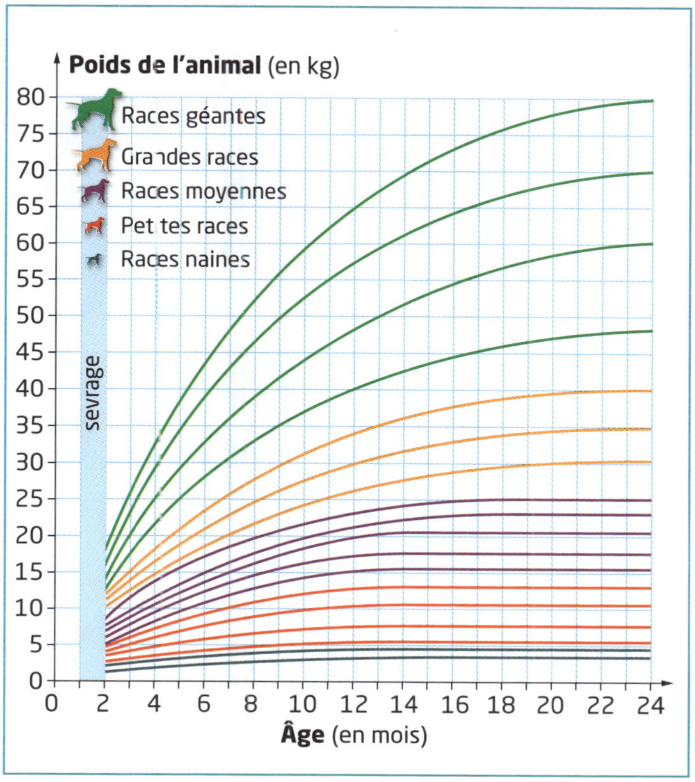

a. Courbes de croissance des chiens en fonction de leur race.

Jérémy vient d'avoir un jeune chien. Il a tout juste 3 mois et il pèse 15 kg. L'éleveur lui a donné un paquet de croquettes pour nourrir son chiot.
Jérémy regarde dans le carnet de santé de son chien les courbes de croissance des chiens en fonction de leur race (document a.) et lit la notice inscrite sur le paquet de croquettes (document b.).

Rations journalières conseillées (en g/jour)

Race du chien	6 semaines	3 mois	6 mois	12 mois	18 mois
Naine	25-70	40-110	45-140	adulte*	adulte*
Petite	70-125	110-230	140-300	adulte*	adulte*
Moyenne	125-210	230-400	300-525	275-415	adulte*
Grande	210-275	400-580	525-830	415-695	adulte*
Géante	275-345	580-690	830-1080	695-1080	580-940

Ces quantités sont des rations moyennes, que vous devez adapter selon la taille de votre chiot, son activité et la température extérieure.

* À cet âge, le chien de cette race est adulte. Il faut acheter de la nourriture pour chien adulte.

b. Rations journalières conseillées par une marque d'aliments pour chiens.

1 **Utilise le document a. pour savoir à quel type de race appartient le chien de Jérémy.**

. . . .

. . . .

JE SAIS M'INFORMER ☺ ☹

2 **Quelle quantité de croquettes doit-il donner à son jeune chien s'il veut respecter les conseils donnés sur le paquet ? Justifie ta réponse.**

. . . .

. . . .

. . . .

JE SAIS RAISONNER ☺ ☹

3 **Quelle quantité de croquettes devra-t-il donner à son chien :**

a • quand il aura 6 mois ? . . . .

. . . .

b • quand il aura 1 an ? . . . .

. . . .

JE SAIS M'INFORMER ☺ ☹

4 **Que se passera-t-il s'il ne respecte pas les doses indiquées et :**

a • s'il donne trop de nourriture à son chiot ?

. . . .

b • s'il ne donne pas assez de nourriture à son chiot ? . . . .

. . . .

JE SAIS RAISONNER ☺ ☹

5 **Utilise les informations du document b. et cite les quatre facteurs à prendre en compte pour déterminer la dose de nourriture que l'on donne à un animal.**

a • . . . .

b • . . . .

c • . . . .

d • . . . .

JE SAIS M'INFORMER ☺ ☹

B Quantité de nourriture disponible et croissance chez le manchot royal

« *Chaque couple de manchots ne pond qu'un seul œuf par saison. Le mâle et la femelle se relaient pour assurer la couvaison qui dure 55 jours. Les éclosions ont lieu de janvier à mars. Pour nourrir son poussin, le manchot royal part pêcher en mer pendant 2 à 3 semaines, conservant la nourriture (poissons lanternes, calmars ...), dans son estomac sans la digérer, pendant toute cette période. À leur retour au nid, les parents régurgitent les aliments pour nourrir le poussin.*

De mai à septembre, les nourrissages des poussins deviennent rares, car les parents doivent assurer des déplacements importants. Ils vont jusqu'à plus de 2 000 km vers le sud, à la limite de la banquise antarctique, pour trouver de la nourriture. Il peut se passer plusieurs mois entre deux nourrissages du poussin. Un poussin de bonne constitution peut supporter 4 mois et demi de jeûne. Vers l'âge de 11 mois, au moment de la mue, le jeune poussin pourra commencer à aller pêcher. »

Couple de manchots et leur poussin.

Évolution de la masse de trois poussins de manchots royaux, de la naissance jusqu'à l'âge de 11 mois.

1 **Colorier au crayon de couleur sur le graphique :**

a • en orange les périodes pendant lesquelles le poussin grossit,

b • en violet la période pendant laquelle il maigrit.

JE SAIS M'INFORMER

2 **Souligne en rouge dans le texte l'information qui te permet de comprendre pourquoi le poussin ne grossit pas pendant une certaine période.**

JE SAIS M'INFORMER

3 **Complète la phrase ci-dessous à l'aide des mots suivants :** *rare, irrégulière, importante, amaigrissement, abondante.*

La croissance des poussins du manchot royal est .... Lorsque la nourriture est ...., la croissance est ....; au contraire, de mai à septembre, lorsque la nourriture est ...., on observe un .... des poussins.

JE SAIS RAISONNER

Les besoins des végétaux chlorophylliens

A Une méthode de culture originale : la culture hors-sol

« *Dans ce mode de culture, les plantes ne se développent pas sur le sol. Leurs racines plongent dans un liquide constitué d'eau et de sels minéraux dissous. On contrôle la quantité de sels minéraux et on l'adapte aux besoins des plantes, qui varient selon leur stade de développement. Un système de pompe fait circuler en permanence ce liquide. Cette culture ne se fait pas en plein air, mais dans une serre dont la température est contrôlée. Les cultures sont éclairées par la lumière naturelle qui pénètre dans la serre, mais il arrive aussi que l'on éclaire artificiellement les plantes si la durée des jours est trop courte, pour accélérer leur croissance. Pour augmenter les rendements de production, on enrichit l'atmosphère de la serre en dioxyde de carbone (gaz contenu naturellement dans l'air).* »

Culture de fraises « hors-sol ».

1 **Souligne dans le texte les éléments nutritifs qui sont mis à la disposition des plantes et qu'elles utilisent pour se développer.**

JE SAIS M'INFORMER ☺ ☹

2 **Encadre dans le texte les caractéristiques physiques de l'environnement dans lequel les plantes sont placées.**

JE SAIS M'INFORMER ☺ ☹

3 **Quelle phrase te permet de penser que la lumière est importante pour la plante, pour sa production de matière ? Recopie cette phrase.**

. . . .

. . . .

. . . .

. . . .

JE SAIS M'INFORMER ☺ ☹

« *Dans la nature, les végétaux implantent leurs racines dans le sol ; grâce à ces racines, ils puisent dans le sol des éléments qui leur sont indispensables pour se développer. Le sol contient de l'eau, des sels minéraux et de la matière provenant d'autres êtres vivants.* »

4 **Les plantes ont-elles besoin des matières provenant d'autres êtres vivants pour se développer ? Aide-toi des informations apportées par l'exemple de la culture hors-sol pour justifier ta réponse.**

. . . .

. . . .

. . . .

. . . .

. . . .

. . . .

JE SAIS RAISONNER ☺ ☹

B Expérimenter pour préciser les besoins des végétaux

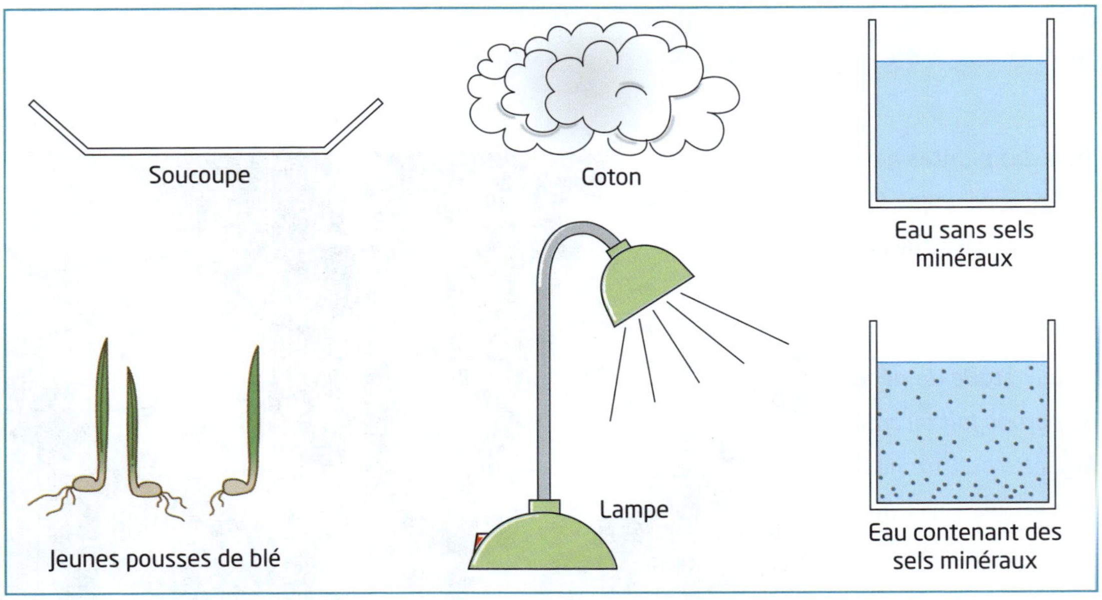

Matériel disponible pour proposer une expérience.

1 **Tu disposes du matériel représenté sur le schéma ci-dessus.**
Utilise ce matériel pour proposer une expérience qui te permettra de savoir si les plantes ont besoin de sels minéraux pour se développer (donc pour produire leur propre matière).

a • Dessine l'expérience que tu proposes.
b • Dessine l'expérience témoin.

JE SAIS RÉALISER

a. Schéma de l'expérience proposée.

b. Schéma de l'expérience témoin.

« Des élèves réalisent ce protocole expérimental en classe. Ils arrivent à la conclusion suivante : les sels minéraux sont indispensables aux végétaux pour produire leur propre matière. »

2 **À l'aide de cette conclusion, retrouve les résultats que les élèves ont obtenu lors de leurs expériences ?**

. . . .

. . . .

. . . .

. . . .

. . . .

JE SAIS RAISONNER

Les besoins des êtres vivants non chlorophylliens

A Des régimes alimentaires variés pour les animaux d'un même milieu

« *Les animaux peuvent avoir des régimes alimentaires variés :*
- *un animal végétarien ne se nourrit que d'aliments d'origine végétale,*
- *un animal carnivore ne se nourrit que d'aliments d'origine animale,*
- *un animal omnivore se nourrit d'aliments d'origine animale et d'aliments d'origine végétale.* »

Le document ci-dessous présente les relations alimentaires entre plusieurs êtres vivants d'une forêt de feuillus.

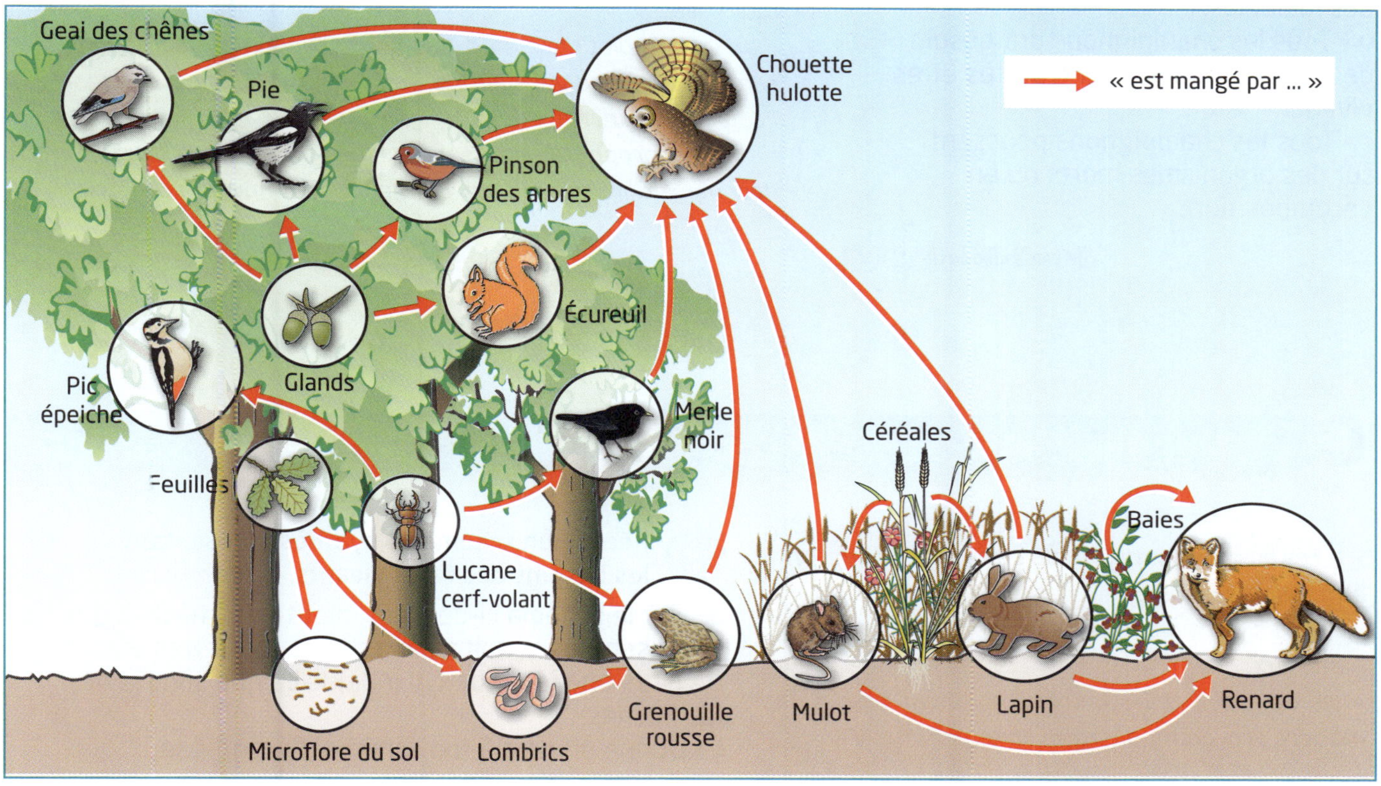

Réseau alimentaire dans une forêt de feuillus. Un réseau alimentaire est un ensemble de chaînes alimentaires.

1 **Donne le nom d'un animal de ce réseau alimentaire qui est omnivore. Précise de quoi il se nourrit.**

. . . .

. . . .

. . . .

. . . .

JE SAIS M'INFORMER

2 **Donne le nom d'un animal de ce réseau alimentaire qui est carnivore. Précise de quoi il se nourrit.**

. . . .

. . . .

. . . .

. . . .

JE SAIS M'INFORMER

3 **Raye les phrases fausses.**

a • Tous les animaux de ce réseau se nourrissent d'autres êtres vivants.
b • Tous les oiseaux de ce réseau ont le même régime alimentaire.
c • Tous les animaux de ce réseau se nourrissent d'autres animaux.

JE SAIS RAISONNER

B Découvrir les besoins alimentaires d'un champignon

1 Souligne dans le texte la (les) phrase(s) qui renseigne(nt) sur les besoins alimentaires des champignons.

JE SAIS M'INFORMER ☺ ☹

« Les champignons ne sont ni des animaux ni des végétaux : ils n'ont pas de racines, pas de tiges, pas de feuilles, pas de fleurs.

Il existe trois « familles » : les parasites, les symbiotiques et les saprophytes.

Les parasites vivent sur des animaux ou sur des végétaux et même sur des champignons vivants. Certains donnent des maladies.

Les symbiotiques sont des champignons qui se nourrissent de la sève des végétaux, mais ils aident aussi à retenir l'eau et les minéraux du sol.

Les saprophytes poussent sur des organismes morts, en décomposition, comme par exemple le champignon de Paris. »

2 Raye les affirmations fausses.

a • Tous les champignons donnent des maladies.
b • Tous les champignons ont besoin de matière produite par d'autres êtres vivants.
c • Tous les champignons poussent sur des organismes morts ou en décomposition.

JE SAIS RAISONNER ☺ ☹

C Faire un schéma bilan résumant les besoins alimentaires des êtres vivants

« Les besoins des différents êtres vivants peuvent être résumés ainsi :
• tous les êtres vivants ont besoin d'eau et de sels minéraux,
• les animaux et les champignons ont besoin de matière provenant d'autres êtres vivants. »

› Réalise un schéma de synthèse présentant les besoins des êtres vivants.

a • Sur le schéma ci-dessous, ajoute des flèches qui traduisent les besoins alimentaires des êtres vivants.
b • Mets une légende qui indique ce que signifient les flèches.
c • Donne un titre à ton schéma de synthèse.

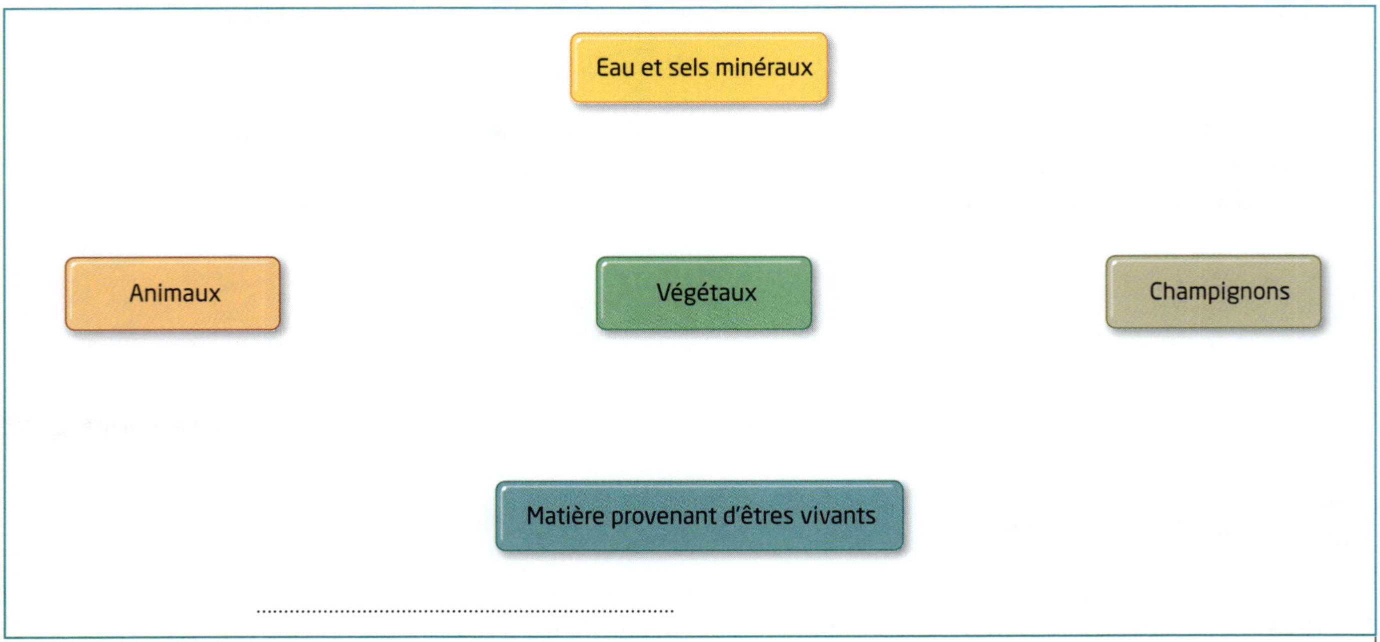

Titre : . . . .

JE SAIS COMMUNIQUER ☺ ☹

La décomposition de la matière dans le sol

A La composition du sol

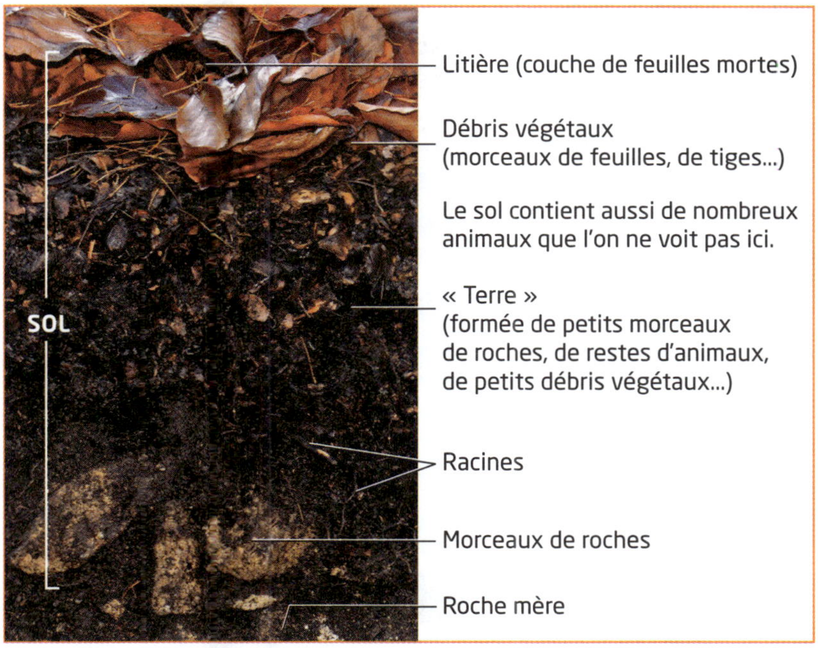

Une coupe de sol réalisée dans les 50 premiers centimètres du sol d'une forêt.

1 **Dans les légendes de la photographie, souligne en bleu les composants minéraux du sol et en rouge les éléments qui proviennent d'organismes vivants.**

JE SAIS M'INFORMER ☺ ☹

2 **Qu'appelle-t-on la litière ?**

. . . .

. . . .

. . . .

. . . .

. . . .

. . . .

. . . .

JE SAIS M'INFORMER ☺ ☹

B Le devenir des feuilles mortes

« Dans une forêt de feuillus de nos régions, les feuilles mortes qui tombent en automne peuvent représenter une couche de 10 cm d'épaisseur. Mais, cette épaisseur n'est plus que de 1 cm, environ, à la fin de l'été suivant. »

1 **Quelle épaisseur de feuilles mortes devrait-on avoir au bout de 10 ans si le dépôt de 10 cm d'épaisseur était conservé ?**

. . . .

. . . .

. . . . JE SAIS CALCULER ☺ ☹

2 **Quelle hypothèse peux-tu faire pour expliquer la disparition des feuilles mortes ?**

. . . .

. . . . JE SAIS RAISONNER ☺ ☹

3 **Utilise les informations apportées par les photographies pour préciser si ton hypothèse est vérifiée. Justifie ta réponse.**

. . . .

. . . .

. . . .

. . . . JE SAIS RAISONNER ☺ ☹

Les photographies présentent des observations réalisées dans la litière d'une forêt.

Feuilles observées en surface de la litière.

Feuilles observées sous la couche de feuilles mortes de surface.

Feuille observée à quelques centimètres de profondeur dans le sol.

C Le rôle des êtres vivants du sol

De nombreux êtres vivants vivent dans le sol, et ils ont des régimes alimentaires variés.

Êtres vivants	Régime alimentaire
Trombidions	Collemboles, oribates, débris végétaux
Pseudoscorpions	Collemboles, oribates, trombidions
Vers de terre	Débris végétaux
Lithobies	Vers de terre, collemboles
Oribates	Végétaux morts
Collemboles	Végétaux morts
Cloportes	Champignons, débris végétaux
Champignons	Végétaux morts

Régime alimentaire de certains êtres vivants du sol.

1 Compléte le schéma ci-dessous et réalise ainsi un schéma des relations alimentaires dans le sol.

a • Utilise les informations apportées par le tableau et respecte la consigne suivante : une flèche → indique « est mangé par ».

b • Indique le titre du schéma.

JE SAIS COMMUNIQUER ☺ ☹

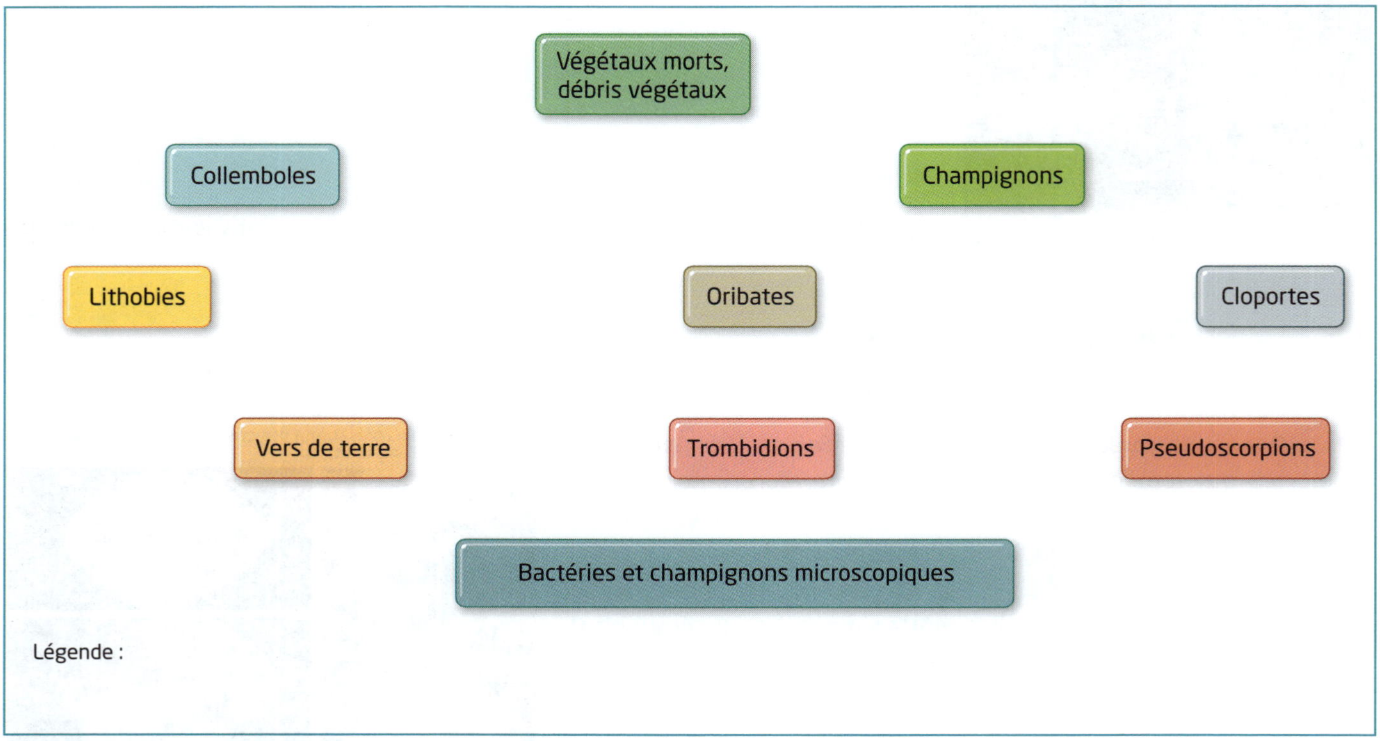

Titre : . . . .

« Les bactéries et les champignons microscopiques du sol se nourrissent de tous les restes des organismes morts (animaux, végétaux et champignons). »

2 Complète le schéma et trace des flèches bleues qui traduisent cette information. Indique la légende correspondante.

JE SAIS COMMUNIQUER ☺ ☹

« Tous les organismes vivants du sol participent à la décomposition de la matière morte. On les appelle des décomposeurs. »

3 Quels sont les décomposeurs qui ont le rôle le plus important ? Justifie ta réponse.

. . . .

. . . .

. . . .

. . . .

. . . .

JE SAIS RAISONNER ☺ ☹

Le recyclage de la matière dans le sol

fiche 19

A Découvrir le rôle des engrais déversés dans les champs

« Les plantes ne prélèvent que des matières minérales dans le sol. Cela leur suffit pour produire leur propre matière, à condition qu'elles reçoivent aussi de la lumière.

Les matières minérales du sol proviennent des roches du sous-sol et de la transformation, par les décomposeurs du sol, de la matière organique en matière minérale.

Dans un champ, les cultures successives épuisent le sol qui devient souvent trop pauvre en matières minérales pour que les plantes puissent pousser correctement. Il faut alors ajouter des engrais (riches en substances minérales). Les engrais passent dans le sol avant d'être prélevés par les plantes, grâce à leurs racines. »

Utilise les informations de ce texte pour compléter le schéma ci-dessous.

a • Place les mots suivants dans les cadres : *engrais, substances minérales présentes dans le sol.*

b • Place les légendes suivantes : *racines, jeune plante.*

c • Ajoute des flèches pour montrer le trajet des substances minérales apportées par les engrais.

d • Ajoute une légende pour indiquer à quoi correspondent les flèches que tu viens de tracer.

e • Donne un titre à ton schéma.

Titre : ....

JE SAIS M'INFORMER

JE SAIS RESPECTER DES CONSIGNES

B Découvrir la notion de recyclage de la matière

« Dans une forêt, on n'ajoute jamais d'engrais dans le sol, et pourtant les plantes poussent sans problème. Elles trouvent donc toujours assez de substances minérales dans le sol. »

Dans la forêt	*Dans un champ*
On ne ramasse pas les feuilles mortes.	*On récolte tous les végétaux qui ont poussé.*
Les feuilles mortes se décomposent sur place, grâce aux êtres vivants du sol.	*Il n'y a pas de décomposition des végétaux.*
On n'ajoute jamais d'engrais (le sol est toujours assez riche en substances minérales ; il y en a toujours qui se forment).	*On est obligé d'ajouter des engrais pour enrichir le sol en substances minérales.*

Comparaison de ce que l'on observe dans la forêt et dans un champ.

1 Utilise les informations du tableau ci-dessus pour indiquer ce que l'on fait dans un champ, mais pas dans une forêt.

. . . .

. . . .

. . . .

. . . .

. . . . JE SAIS M'INFORMER ☺ ☹

2 En utilisant les informations apportées par le schéma, explique pourquoi les végétaux de la forêt trouvent assez de substances minérales dans le sol pour se développer normalement.

. . . .

. . . .

. . . .

. . . .

. . . .

. . . . JE SAIS RAISONNER ☺ ☹

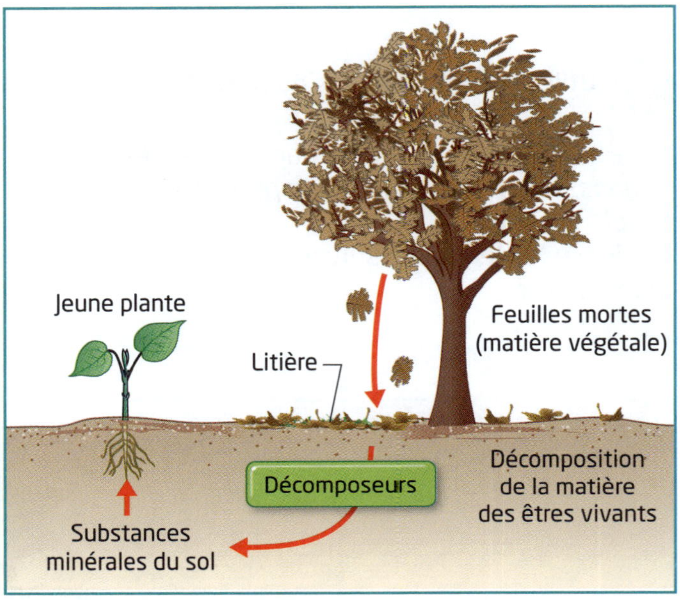

Schéma fonctionnel apportant des précisions sur ce qui se passe dans le sol de la forêt.

C Comprendre un fait de société

« Il est de plus en plus souvent conseillé de ne récolter dans les champs que ce qui va être consommé et de laisser le reste des plantes sur place.

D'autre part, il est conseillé d'éviter de déverser dans les champs des produits qui risquent de détruire les êtres vivants du sol. »

› Utilise tes connaissances pour justifier ces deux conseils.

. . . .

. . . .

. . . .

. . . .

. . . .

. . . .

JE SAIS M'INFORMER ☺ ☹

L'intérêt des élevages et des cultures

A Des aliments d'origines variées

« Voici la liste des aliments qu'un élève a consommés au cours d'un repas. »

- Entrée : salade de tomates à la vinaigrette.
- Plat de résistance : escalope de poulet accompagnée de pommes de terre sautées au beurre.
- Fromage.
- Dessert : une pomme.
- Eau et pain.

1 Tous ces aliments, hormis l'eau, ont pour origine soit un élevage soit une culture. Replace chacun des aliments du repas précédent dans une des colonnes du tableau.

Aliment provenant d'un élevage	Aliment provenant d'une culture
•	• ....
•	• ....
•	• ....
•	• ....

JE SAIS RAISONNER ☺ ☹

2 Pour chaque aliment issu d'un élevage, indique l'animal qui en est à l'origine.

....
....
....
....

JE SAIS RAISONNER ☺ ☹

3 Pour chaque aliment issu d'une culture, indique la plante qui en est à l'origine.

....
....
....
....

JE SAIS RAISONNER ☺ ☹

4 En France, selon le lieu géographique, on ne rencontre pas les mêmes élevages et les mêmes cultures. Recherche quelles grandes cultures ou/et grands élevages sont pratiqués dans les lieux suivants.

a • En Bretagne : ....
....
....

b • En Beauce : ....
....
....

c • En Vendée : ....
....
....

d • En Aveyron : ....
....
....

JE SAIS M'INFORMER ☺ ☹

5 En conclusion, justifie l'intérêt des élevages et des cultures pour l'Homme.

....
....

JE SAIS RAISONNER ☺ ☹

B Les besoins alimentaires de l'Homme

1 Relie par un trait, tracé à la règle, chacun des aliments cités à la famille à laquelle il appartient.

- Épinards
- Eau
- Pain
- Œufs durs
- Riz
- Beurre
- Brie
- Carottes râpées
- Lentilles
- Fraises au sucre
- Miel
- Filet de maquereau

JE SAIS RAISONNER ☺ ☹

Famille d'aliments	
Famille 1 Aliments riches en protéines et en calcium	
Famille 2 Aliments riches en protéines	
Famille 3 Aliments riches en matières grasses	
Famille 4 Aliments riches en sucres rapides	
Famille 5 Légumes secs, aliments riches en sucres lents	
Famille 6 Aliments riches en fibres	
Famille 7 Eau	

Les aliments sont classés en sept familles.

> *« Pour le bon fonctionnement de son organisme, un élève de sixième a besoin de trouver, à chaque repas, dans ses aliments les constituants suivants : protéines, sucres lents (tels que les féculents), sucres rapides, matières grasses, fibres végétales et eau. »*

2 Élabore le menu d'un repas répondant aux besoins de l'organisme et propose-le au cuisinier de ton collège.

MENU DU JOUR

. . . .

. . . .

. . . .

. . . .

. . . .

. . . .

JE SAIS RAISONNER ☺ ☹

L'élevage nécessite une gestion rationnelle

A Élever des vaches limousines

« La vache limousine est une race bouchère appréciée pour la finesse et la tendreté de sa viande.

Cette vache possède des qualités maternelles exceptionnelles qui se traduisent par une grande fertilité, des veaux qui naissent facilement et dont la croissance est liée à l'abondance et à la richesse du lait produit par la mère. »

Vaches de race limousine.

1 Quelle est la catégorie d'aliments que cette race de vache apporte à notre alimentation ?

. . . .

. . . .

. . . . JE SAIS M'INFORMER ☺ ☹

2 Quelles sont les qualités reconnues à la viande de cette vache ?

. . . .

. . . . JE SAIS M'INFORMER ☺ ☹

3 Retrouve les arguments présents dans le texte qui montrent que cette vache est également appréciée pour ses qualités reproductrices.

. . . .

. . . .

. . . .

. . . .

. . . .

. . . .

. . . . JE SAIS M'INFORMER ☺ ☹

B Améliorer la qualité de l'élevage de la vache limousine

« Afin de produire une viande de meilleure qualité, les vaches consomment l'herbe des plateaux limousins du printemps à l'automne. L'hiver, la végétation ne se renouvelant plus, l'éleveur les nourrit de foin et de suppléments alimentaires tels que des sels minéraux et des céréales.

Pour obtenir des vaches produisant une viande de qualité, l'éleveur sélectionne les meilleures vaches parmi son troupeau. Il pratique une insémination artificielle en introduisant directement le sperme du taureau dans les organes reproducteurs des femelles.

Une surveillance régulière par un vétérinaire est nécessaire afin d'éviter le développement de toute maladie. »

1 Lis le texte et souligne ce qui permet d'améliorer la qualité de la viande produite par les vaches limousines. Utilise :

- le rouge pour les pratiques alimentaires de l'éleveur,
- le vert pour les techniques de reproduction,
- le bleu pour la prévention des maladies.

JE SAIS M'INFORMER ☺ ☹

2 En conclusion, précise dans quels domaines ont été améliorées les pratiques de l'élevage de la vache limousine durant ces dernières années.

. . . .

. . . .

. . . .

. . . .

JE SAIS RAISONNER ☺ ☹

C Améliorer la qualité d'un élevage de poules pondeuses

« Les éleveurs cherchent toujours à améliorer leur production d'œufs en prenant en compte le nombre d'œufs pondus, la taille des œufs et la qualité de la coquille. Dans le monde, la production est d'environ 850 milliards d'œufs pondus par an.

Les coquilles des œufs sont souvent très fragiles, ce qui empêche la commercialisation de ces derniers. Pour éviter la fragilité des coquilles, on ajoute dans l'alimentation des poules des coquilles d'huîtres et de moules broyées. »

1 **En utilisant un moteur de recherche et les bons mots-clés, retrouve l'élément contenu à la fois dans la coquille d'œuf et dans les coquilles d'huîtres ou de moules.**

. . . .

. . . .

JE SAIS M'INFORMER

2 **Pourquoi ajoute-t-on cet élément à l'alimentation des poules ?**

. . . .

. . . .

. . . .

. . . .

JE SAIS RAISONNER

« L'élevage de poules peut se faire sous différentes formes : l'élevage en cages superposées dit « en batteries » ou l'élevage en plein air. Ces deux pratiques s'opposent sur différents points. »

	Élevage en cages superposées	Élevage en plein air
Éclairage	Éclairage artificiel 16 heures par jour	Éclairage naturel variant en fonction des saisons
Nombre de poules par m²	22	2,5
Alimentation	Céréales, graisse, suif, farines de viandes et d'os, produits énergétiques	Blé, maïs, herbe, et graines contenues dans la terre
État physique des poules	Squelette fragile et poules souvent malades	Squelette solide et poules plus robustes
Nombre et qualité des œufs	300 œufs par an et par poule, en moyenne, de qualité médiocre	200 œufs, par poule, de mars à octobre, de bonne qualité

3 **À partir de l'analyse de ce tableau, établis une relation entre l'état physique des poules et le type d'élevage d'où elles proviennent.**

. . . .

. . . .

. . . .

. . . .

. . . .

JE SAIS M'INFORMER

4 **Indique quel est le type d'élevage le plus rentable pour l'éleveur ? Justifie ta réponse.**

. . . .

. . . .

. . . .

. . . .

JE SAIS RAISONNER

5 **Indique quel est le type d'élevage qui est le plus respectueux du mode de vie de la poule ? Justifie ta réponse.**

. . . .

. . . .

. . . .

. . . .

. . . .

. . . .

JE SAIS RAISONNER

6 **À l'aide de tes connaissances, et sachant que les œufs issus des élevages de plein air sont plus chers à l'achat que ceux issus des élevages en cages, quels œufs conseillerais-tu d'acheter ? Justifie ton choix.**

. . . .

. . . .

. . . .

. . . .

JE SAIS COMMUNIQUER

Les cultures nécessitent une gestion rationnelle

A Cultiver du blé

La France est le premier producteur de blé en Europe. Son climat favorise le développement de la graminée à l'origine du blé.

Complète le tableau en décrivant ce que tu observes au cours de chaque saison.

Période de l'année	Automne	Hiver	Printemps	Été
Étapes de développement du blé	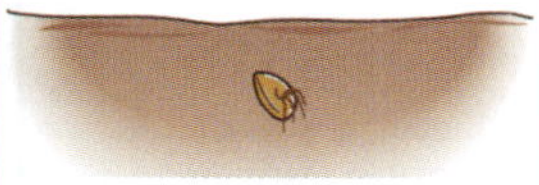			
Description	....	....	....	....

Les différentes étapes de développement du blé.

JE SAIS M'INFORMER ☺ ☹

B Améliorer la production du blé

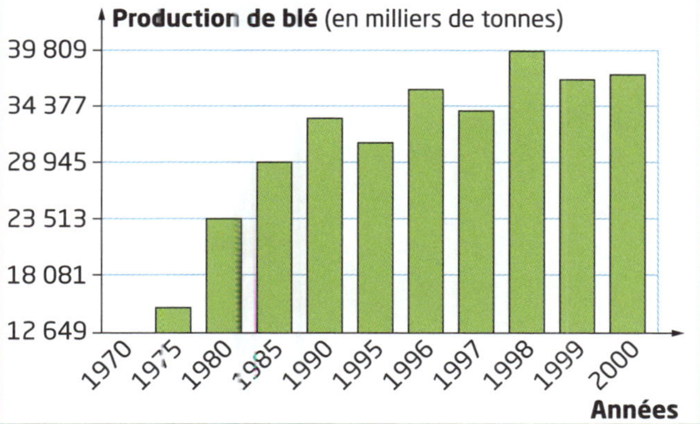

Évolution de la production de blé en France de 1970 à 2000.

1 Indique quelle était la production de blé de la France, en milliers de tonnes :

- en 1980 : ....
- en 1998 : ....

JE SAIS LIRE UN GRAPHIQUE ☺ ☹

« L'agriculteur utilise des machines toujours plus performantes pour exploiter ses champs et emploie divers produits chimiques tels que des engrais, des pesticides et des herbicides. »

2 Cherche dans un dictionnaire la définition de ces trois mots :

Engrais : ....

Pesticide : ....

Herbicide : ....

JE SAIS M'INFORMER ☺ ☹

3 Rédige une conclusion qui explique ce qui a permis d'améliorer la production de blé durant ces dernières décennies.

....

JE SAIS RAISONNER ☺ ☹

C Multiplier des végétaux en grande quantité en laboratoire

La culture *in vitro* est une technique de laboratoire qui permet de multiplier des plants sélectionnés, en grand nombre et dans un espace réduit.

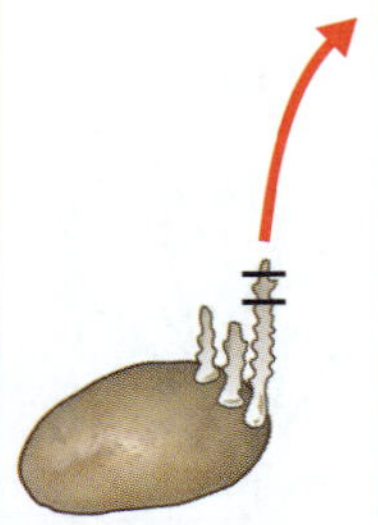	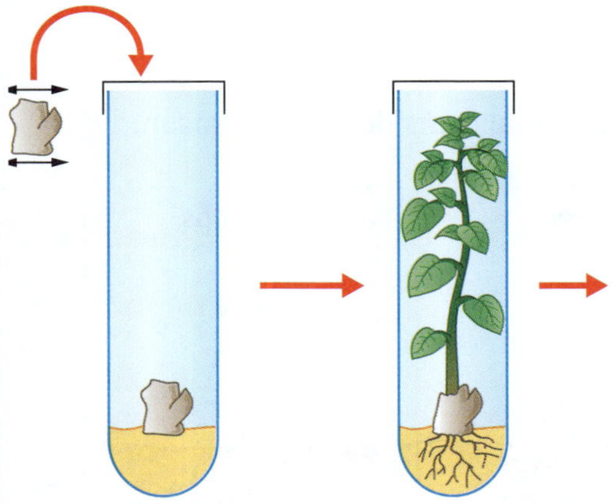	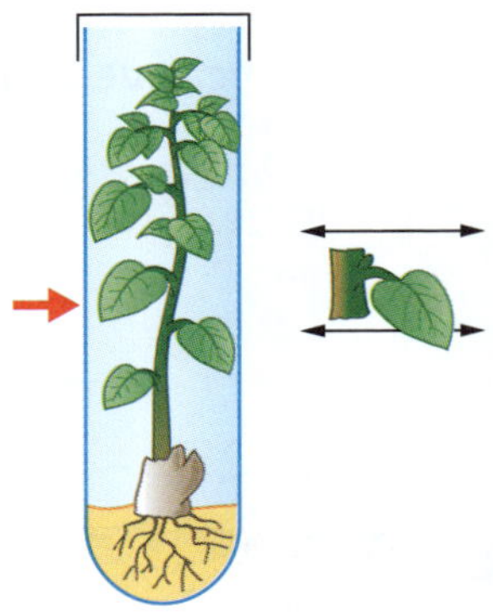	
Prélèvement d'un bourgeon.	Mise en culture de ce bourgeon dans un tube à essai contenant un milieu nutritif.	Sur la tige obtenue dans le tube, prélèvement de plusieurs bourgeons.	Mise en culture de chaque bourgeon dans un tube à essai.

Technique employée pour la multiplication *in vitro* de la pomme de terre.

1 **Que signifie le nom « *in vitro* » donné à ce type de culture ?**

JE SAIS M'INFORMER

2 **Indique quel est l'organe de la plante qui est utilisé pour cette multiplication ainsi que son devenir.**

JE SAIS M'INFORMER

3 **Cette technique porte également le nom de microbouturage. À l'aide de tes connaissances, justifie cette appellation.**

JE SAIS RAISONNER

4 **En quoi cette technique de multiplication est-elle avantageuse pour la quantité et pour la qualité des plants de pommes de terre produits.**

JE SAIS RAISONNER

5 **Trouve d'autres exemples de végétaux multipliés, en grand nombre, à l'aide de cette technique.**

JE SAIS M'INFORMER

Améliorer la production d'un élevage

A Des moutons aux qualités particulières

« Les bergers, en baie de Somme, vivent au rythme des marées. D'avril à novembre, une dizaine de bergers font paître quelques milliers de moutons dans les « mollières », ou prés salés, qui sont les parties les plus hautes de la baie recouvertes lors des fortes marées. Une végétation particulière pousse dans ces « mollières ». Le mélange d'eau douce et d'eau salée permet le développement d'une flore maritime riche en sel et en iode. La viande des agneaux produits à partir de ces pâturages a un goût spécifique, possédant une saveur iodée très particulière. »

« Les animaux ne vont en bergerie que durant la période hivernale, de décembre à mars. Deux fois par an, une grande transhumance a lieu entre le lieu d'hivernage et les prés salés. »

a. Titre : . . . .

. . . .

1 **Quel titre pourrais-tu donner au document a. ?**

JE SAIS M'INFORMER ☺ ☹

2 **Place sur la frise chronologique, les phases suivantes de la vie des moutons de prés salés :** *transhumance de printemps - transhumance d'automne - pâturage dans les prés salés - séjour à la bergerie.*

Janvier	Février	Mars	Avril	Mai	Juin	Juillet	Août	Septembre	Octobre	Novembre	Décembre

. . . .

. . . .

JE SAIS M'INFORMER ☺ ☹

3 **Souligne, en rouge, dans le texte ci-dessus, la caractéristique de la viande de ces moutons de prés salés. Qu'est-ce qui explique cette caractéristique ?**

. . . .

JE SAIS RAISONNER ☺ ☹

« L'agneau de prés salés de la baie de Somme détient depuis l'année 2006 une reconnaissance en AOC (Appellation d'Origine Contrôlée). Cette appellation est une marque de reconnaissance du lien entre un produit et son terroir, en dehors duquel il est impossible de le produire. »

b. Label permettant d'identifier la viande de mouton de prés salés de la baie de Somme.

4 **Le texte indique que le label AOC n'est accordé que si le lien entre produit et terroir est reconnu.**

a • Quel est le produit ? . . . .

b • Quel est le terroir ? . . . .

c • Pourquoi considère-t-on que l'on ne peut pas produire cette viande ailleurs ?

. . . .

. . . .

. . . .

JE SAIS RAISONNER ☺ ☹

B Plusieurs manières d'élever des veaux

a. . . . .

b. . . . .

Type d'élevage	Alimentation	Lieu
Élevage sous la mère : veau élevé sous la mère pendant 5 mois.	Lait maternel tété à volonté au pis de la vache. Complément : foin et céréales.	Élevé à l'étable
Élevage en batterie : veaux élevés en grand nombre et de façon automatisée pendant 5 mois.	Aliment d'allaitement préparé par l'éleveur contenant protéines de lait et matières grasses.	Élevé à l'étable

c. Caractéristiques de deux types d'élevage de veaux.

1 **Utilise les informations du tableau pour donner un titre précis à chacun des documents a. et b.**

JE SAIS RAISONNER

*« Un des deux élevages, décrits dans le document **c.**, permet d'obtenir des veaux possédant une viande tendre, au goût fin et à la saveur de noisette. Cette viande est diététique et riche en valeurs nutritives. Elle est commercialisée avec un label rouge, signe officiel qui garantit la qualité supérieure du produit. »*

d. Label rouge.

2 **D'après le logo, quel type d'élevage permet d'obtenir une viande de qualité label rouge**

. . . .

JE SAIS M'INFORMER

3 **Le label rouge indique que le produit vendu possède des qualités particulières. D'après les informations apportées, cite quatre qualités de la viande de veau élevé sous la mère.**

. . . .

JE SAIS M'INFORMER

Améliorer la production d'une culture

A Utiliser des « engrais verts » pour améliorer le rendement des cultures

1 **Recherche sur internet ce qu'est un engrais vert et donnes-en une définition précise.**

. . . .

. . . .

. . . . JE SAIS M'INFORMER

« L'azolla est une petite fougère aquatique qui constitue, en très peu de temps, un véritable tapis opaque recouvrant une étendue d'eau immobile. Cette plante est un parfait engrais biologique pour la culture du riz car sa décomposition rapide libère de grandes quantités d'azote, élément très bénéfique pour le développement de cette céréale.

La particularité de l'azolla est due à la présence de petites bactéries fixatrices d'azotes situées à la base de ses feuilles.

Cet engrais vert est depuis longtemps utilisé en riziculture, notamment en Chine et au Vietnam. »

a. Agriculteur vietnamien enfouissant l'azolla dans le sol, entre les rangs de riz.

2 **Relève dans le texte ci-dessus les propriétés de l'azolla qui en font une plante idéale comme engrais vert.**

. . . .

. . . .

. . . .

. . . . JE SAIS M'INFORMER

Afin d'optimiser au maximum les propriétés de l'azolla, les agriculteurs asiatiques procèdent en plusieurs étapes représentées par le schéma.

Semis de l'azolla
↓ ....
Fractionnement par battage
↓ ....
Fauchage
↓ ....
Enfouissement
↓ ....
Repiquage du riz

b. Les étapes de culture et d'utilisation de l'azolla.

3 **Replace sur le schéma (doc. b.) les mots suivants :** *décomposition, développement, séchage, multiplication végétative*

JE SAIS RAISONNER

4 **L'azolla est un engrais vert commun dans les pays asiatiques. Recherche deux exemples de cultures utilisées comme engrais vert dans nos régions.**

. . . .

JE SAIS M'INFORMER

« Après une utilisation sur plusieurs millions d'hectares de rizières en Chine et au Vietnam au début des années 1980, l'emploi d'azolla comme engrais vert en riziculture a fortement régressé pour des raisons socio-économiques. Les méthodes traditionnelles utilisées au Vietnam et en Chine demandent beaucoup de travail et l'utilisation d'azolla diminue lorsque l'engrais azoté chimique devient disponible. »

5 **À partir des différentes informations fournies et de recherches personnelles, complète ce tableau.**

Avantage des engrais verts	Avantage des engrais chimiques
. . . .	. . . .
. . . .	. . . .

JE SAIS RAISONNER

B Utiliser la lutte biologique pour protéger des cultures

> *« Tous les jardiniers savent que les plantes de leur jardin et de leur potager sont attaquées très facilement par des insectes qui finissent bien souvent par détruire les feuilles et empêcher la production des fleurs et des fruits.*
>
> *Pour lutter contre ces insectes qualifiés de « ravageurs », on peut utiliser des insecticides chimiques, ou encore faire appel à des moyens de lutte biologique.*
>
> *Dans certaines jardineries, on peut désormais acheter des larves de coccinelles de l'espèce Adalia, des plaquettes contenant des œufs de certains insectes comme des Encarsia (très petites guêpes) et des trichogrammes (autres espèces de très petites guêpes). Ces insectes ne sont pas nuisibles pour les végétaux. »*

Les cartes ci-dessous apportent des informations biologiques sur certains insectes.

1
Les larves de coccinelles et les coccinelles adultes ne se nourrissent pas de végétaux mais de pucerons.

2
Certaines espèces de trichogrammes pondent leurs œufs dans les œufs de la pyrale du maïs. Ainsi, leurs larves se développent dans les larves de la pyrale, et finissent par les détruire.

3
Les encarsia adultes pondent leurs œufs dans les larves d'aleurodes, ce qui va entraîner leur mort.

4
La pyrale du maïs est un papillon dont la larve (chenille) s'attaque aux tiges de maïs, ce qui entraîne une destruction importante des plantes.

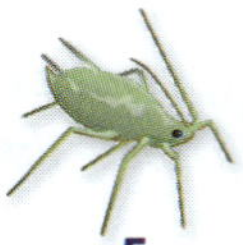

5
Les pucerons piquent les végétaux et se nourrissent de la sève de plantes comme les rosiers par exemple.

6
Les aleurodes (mouches blanches) sont très abondantes sur les feuilles de certaines plantes comme les tomates, les concombres... Elles se nourrissent de la sève de ces plantes, ce qui les affaiblit et limite la production de fruits.

1 Retrouve les trois exemples en associant pour chacun, les deux numéros de cartes qui correspondent.

- Exemple A : protection des plants de tomates : .... et ....
- Exemple B : protection des plants de maïs : .... et ....
- Exemple C : protection des rosiers : .... et ....

JE SAIS RAISONNER ☺ ☹

2 Complète le tableau suivant.

	Plante parasitée	Insecte ravageur	Insecte utilisé pour détruire le ravageur
Exemple A	....	....	....
Exemple B	....	....	....
Exemple C	....	....	....

JE SAIS RAISONNER ☺ ☹

3 Pourquoi parle-t-on de « lutte biologique » lorsque l'on utilise des insectes pour lutter contre d'autres insectes ravageurs. Justifie ta réponse.

....

....

....

JE SAIS RAISONNER ☺ ☹

Des aliments qui proviennent d'une transformation biologique

A Le rôle de la levure dans la fabrication du pain

Julie et Alexandre ont décidé de profiter de leurs vacances pour faire du pain. Alors que Julie s'applique à bien respecter la recette (doc. **a.**), Alexandre se rend compte qu'il a oublié la levure et pense que cela n'est pas très important.

- Mélanger 250 g de farine avec 150 g d'eau, 4 g de sel et environ 10 g de levure de boulanger. Pétrir la pâte pendant un quart d'heure.
- Laisser reposer la pâte pendant trois heures dans un récipient recouvert d'un torchon.
- Faire cuire au four pendant 40 minutes à 230 °C.

a. Recette pour fabriquer du pain.

	Pâte reposée	Pain cuit
Julie		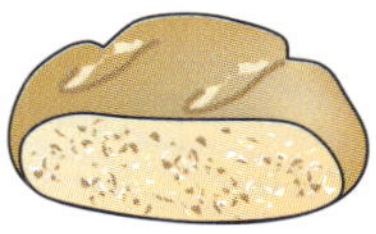
Alexandre		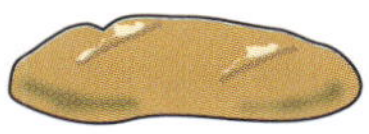

b. Résultats obtenus par Julie et Alexandre.

1 **Quelle différence observes-tu entre la pâte reposée de Julie et celle d'Alexandre ?**

. . . .

. . . .

. . . . JE SAIS M'INFORMER ☺ ☹

2 **De la même manière, compare les deux pains obtenus.**

. . . .

. . . .

. . . . JE SAIS M'INFORMER ☺ ☹

3 **Quel élément de la recette est à l'origine de ces différences ? Justifie ta réponse.**

. . . .

. . . . JE SAIS RAISONNER ☺ ☹

B Observation de la levure de boulanger

« *Pour observer de la levure de boulanger au microscope optique, il faut mélanger un peu de levure dans de l'eau et placer une goutte du mélange entre lame et lamelle. On distingue alors des éléments arrondis : ce sont les levures.*

La levure est un champignon microscopique formé d'une seule cellule. Certaines cellules peuvent présenter des bourgeons qui, ensuite, se sépareront de la levure et donneront, chacun, une nouvelle levure. »

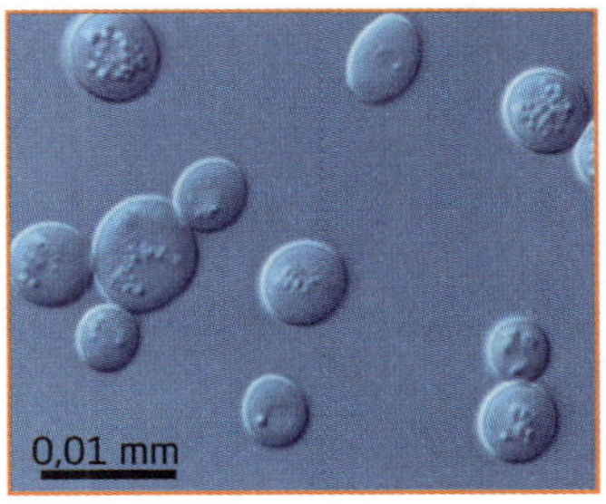

Levures observées au microscope optique (x 400).

Titre : . . . .

. . . .

. . . .

1 **À partir de la photographie, dessine dans le cadre deux ou trois levures dont une au moins possède un bourgeon. Place sur ton dessin les légendes** *levure* **et** *bourgeon***. Indique le titre du dessin et le grossissement d'observation.** JE SAIS RÉALISER ☺ ☹

2 **La levure de boulanger est également appelée « levure biologique ». Justifie cette appellation.**

. . . .

. . . .

. . . .

JE SAIS RAISONNER ☺ ☹

C Le mode d'action de la levure

On réalise les deux expériences suivantes.

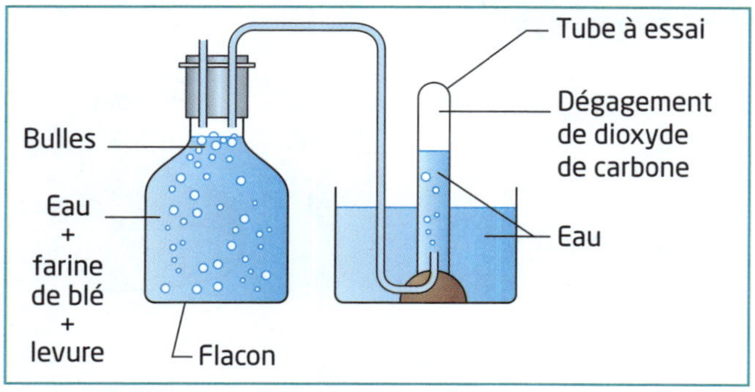

a. Expérience n° 1 réalisée à 20 °C environ.

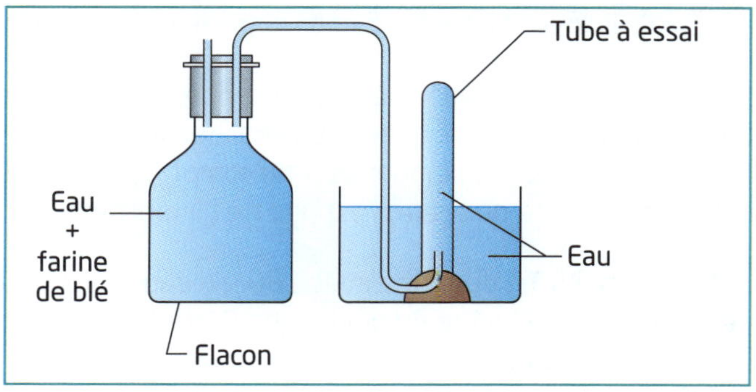

b. Expérience n° 2 réalisée à 20 °C environ.

1 **Observe attentivement ces deux expériences puis complète le tableau suivant.**

	Expérience n° 1	Expérience n° 2
Observations dans le flacon	....	....
Observations dans le tube à essai	....	....

JE SAIS M'INFORMER ☺ ☹

2 **Quel est l'élément qui semble responsable des différences observées entre ces deux expériences ?**

....

....

JE SAIS RAISONNER ☺ ☹

*« On appelle **fermentation** la transformation d'une substance sous l'action **de micro-organismes** : c'est une transformation biologique. La fermentation peut s'accompagner de la production d'un gaz. La fabrication du pain est le résultat d'une fermentation. »*

3 **À l'aide des expériences précédentes, identifie, dans le cas de la fabrication du pain :**

- les micro-organismes responsables de cette fermentation : ....
- le gaz qui est dégagé lors de cette fermentation : ....
- la substance de départ qui peut être transformée : ....

JE SAIS M'INFORMER ☺ ☹

4 **Comment expliques-tu le fait que la pâte à pain lève au bout de quelques heures, quand on ajoute de la levure ?**

....

....

JE SAIS RAISONNER ☺ ☹

5 **Indique les expériences que tu pourrais mettre en œuvre pour démontrer le rôle de la température.**

« On veut montrer que la température joue un rôle important dans la transformation du pain.

Tu as à ta disposition le matériel utilisé dans l'expérience n° 1 ainsi que des glaçons et un bain-marie à 40 °C. »

....

....

....

....

....

JE SAIS RAISONNER ☺ ☹

La fermentation alimentaire

A Les conditions de la fabrication du yaourt

Dans le but de déterminer les conditions nécessaires à la fabrication du yaourt, des élèves de 6e ont réalisé les expériences présentées ci-dessous.

	Expérience du Groupe n° 1	Expérience du Groupe n° 2	Expérience du Groupe n° 3	Expérience du Groupe n° 4
Matériel utilisé et ingrédients	Un pot de yaourt vide en verre, une baguette en verre, 10 cl de lait froid			
	Une cuillerée à café de yaourt frais	Une cuillerée à café de yaourt frais		Une cuillerée à café de yaourt bouilli
Protocole suivi	• Ajouter le yaourt dans le lait, bien mélanger avec la baguette, puis verser dans le pot vide. • Placer le pot au réfrigérateur plusieurs heures.	• Ajouter le yaourt dans le lait, bien mélanger avec la baguette, puis verser dans le pot vide. • Placer le pot dans un bain-marie à 45 °C pendant 10 minutes. • Laisser reposer plusieurs heures et placer le pot au réfrigérateur.	• Remplir le pot avec le lait. • Placer le pot dans un bain-marie à 45 °C pendant 10 minutes. • Laisser reposer plusieurs heures et placer le pot au réfrigérateur.	• Ajouter le yaourt dans le lait, bien mélanger avec la baguette, puis verser dans le pot vide. • Placer le pot dans un bain-marie à 45 °C pendant 10 minutes. • Laisser reposer plusieurs heures et placer le pot au réfrigérateur.
Résultat observé	Pas de formation de yaourt	Formation de yaourt	Pas de formation de yaourt	Pas de formation de yaourt

Expériences réalisées par des élèves de 6e.

1 La comparaison des expériences, menées par les différents groupes, permet de déterminer les conditions indispensables à la fabrication du yaourt.

a • Quelles expériences faut-il comparer pour affirmer qu'une des conditions nécessaires à la fabrication du yaourt est d'ajouter du yaourt frais dans le lait froid ?

. . . .

b • Quelles expériences faut-il comparer pour affirmer qu'une des conditions nécessaires à la fabrication du yaourt est de chauffer 10 minutes à 45 °C, puis de laisser reposer quelques heures.

. . . .

JE SAIS RAISONNER ☺ ☹

« On s'interroge sur ce que peut contenir le yaourt, et qui serait indispensable pour fabriquer d'autres yaourts. Pour cela, une petite goutte de yaourt est étalée sur une lame, puis on ajoute une goutte de bleu de méthylène et on recouvre d'une lamelle. La préparation est observée au microscope optique (x 700).

On observe alors la présence de nombreux petits bâtonnets, les lactobacilles, et de petits chapelets de billes, les streptocoques. Les lactobacilles et les streptocoques sont des micro-organismes, et plus précisément des bactéries. Ces bactéries présentes dans le yaourt sont qualifiées de « ferments lactiques ». »

2 Utilise les informations du texte pour légender la photographie et donne-lui un titre.

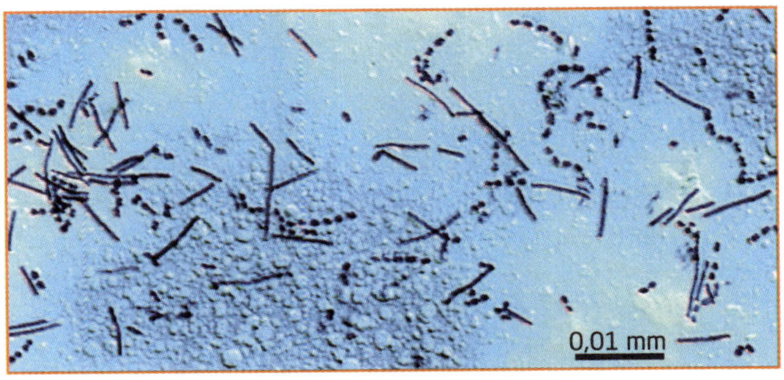

Titre : . . . .

. . . . JE SAIS M'INFORMER ☺ ☹

B Le mode d'action des ferments lactiques

Pour transformer le lait en yaourt, il faut ajouter des ferments lactiques qui sont constitués par certaines espèces de bactéries (lactobacilles, par exemple). Afin de comprendre le mode d'action des ferments lactiques, étudions la composition du lait et du yaourt.

	Dans 50 g de lait	Dans 50 g de yaourt (obtenu à partir du lait précédent)
Sucre du lait (lactose)	2,5 g	2,2 g
Acide lactique	0 g	0,5 g

Composition du lait et du yaourt.

1 Compare la composition du lait avec celle du yaourt. Pour cela, rédige une phrase correctement formulée dans laquelle tu devras utiliser les adverbes comparatifs suivants : *plus* **et** *moins.*

....

....

JE SAIS M'INFORMER

2 Complète le schéma ci-dessous résumant le mode d'action des ferments lactiques, mélangés à du lait, en plaçant les mots suivants : *fermentation, acide lactique, sucre, ferments lactiques.*

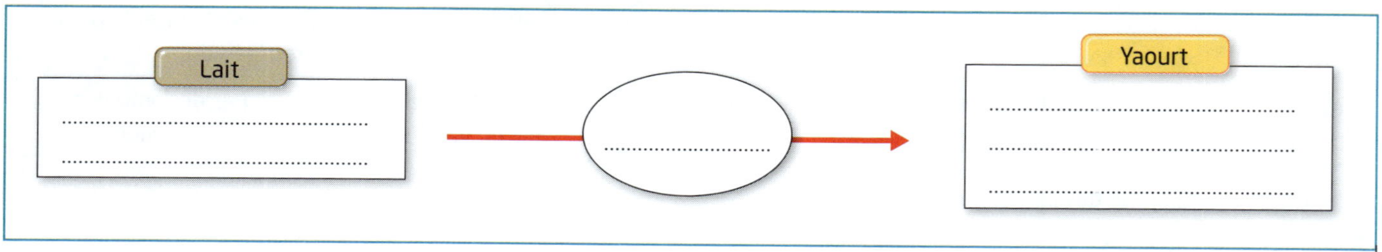

JE SAIS RAISONNER

C D'autres aliments provenant d'une transformation biologique

« De nombreux aliments que nous consommons proviennent d'une transformation de la matière première par des micro-organismes. On parle de transformation biologique ou de fermentation biologique. »

Recherche les informations qui te permettront de compléter le tableau.

	Choucroute	Camembert	Brioche
Matière première utilisée	....	....	....
Micro-organismes à l'origine de la transformation	....	....	....
Durée de fabrication	....	....	....
Conditions de fabrication	....	....	....
Description de la transformation de la matière première	....	....	....

Des aliments obtenus par transformation biologique.

JE SAIS M'INFORMER

La biodiversité

A Définir la biodiversité

Cherche dans un dictionnaire la définition du terme « biodiversité » et note-la.

. . . .

. . . .

. . . .

JE SAIS M'INFORMER ☺ ☹

B Préciser la notion d'espèce

a. Quelques animaux de la ferme.

b. Un nouveau-né qui a quelques semaines.

1 **Combien d'espèces animales vois-tu sur la photographie a. ? Lesquelles ?**

. . . .

. . . .

. . . .

. . . .

. . . .

JE SAIS M'INFORMER ☺ ☹

2 **Précise quels sont les caractères que tu utilises pour distinguer les différentes espèces.**

. . . .

. . . .

. . . .

. . . .

. . . .

. . . .

. . . .

JE SAIS RAISONNER ☺ ☹

3 **À quelle espèce appartient le nouveau-né de la photographie b. ? Justifie ta réponse.**

. . . .

. . . .

. . . .

. . . .

. . . .

JE SAIS RAISONNER ☺ ☹

4 **Propose une définition du terme « espèce » en complétant la phrase ci-dessous à l'aide des mots de la liste suivante :** *descendants - spécifiques - caractéristiques - génération - individus - reproduction - parents.*

Une espèce regroupe des . . . . présentant des . . . . communes et . . . .

Les caractères d'une espèce se transmettent au cours de la . . . . , des . . . . . aux . . . . ,
de . . . . en génération.

JE SAIS RAISONNER ☺ ☹

C Utiliser une clé de détermination pour identifier des espèces

Certains champignons sont toxiques et parfois mortels si on les consomme, alors que d'autres espèces voisines sont excellentes. Il est nécessaire d'identifier précisément les espèces pour éviter tout accident.

Les photographies ci-dessous présentent trois champignons à lamelles. Deux d'entre eux sont mortels, l'un est comestible.

Nom : . . . .

Nom : . . . .

Nom : . . . .

1 **Utilise la clé de détermination fournie pour dire lequel de ces champignons est comestible. Inscris son nom sous la photographie correspondante.**

. . . .

. . . .

JE SAIS RAISONNER ☺ ☹

2 **Identifie chacun des deux autres champignons, et inscris leur nom sous les photographies correspondantes.**

JE SAIS M'INFORMER ☺ ☹

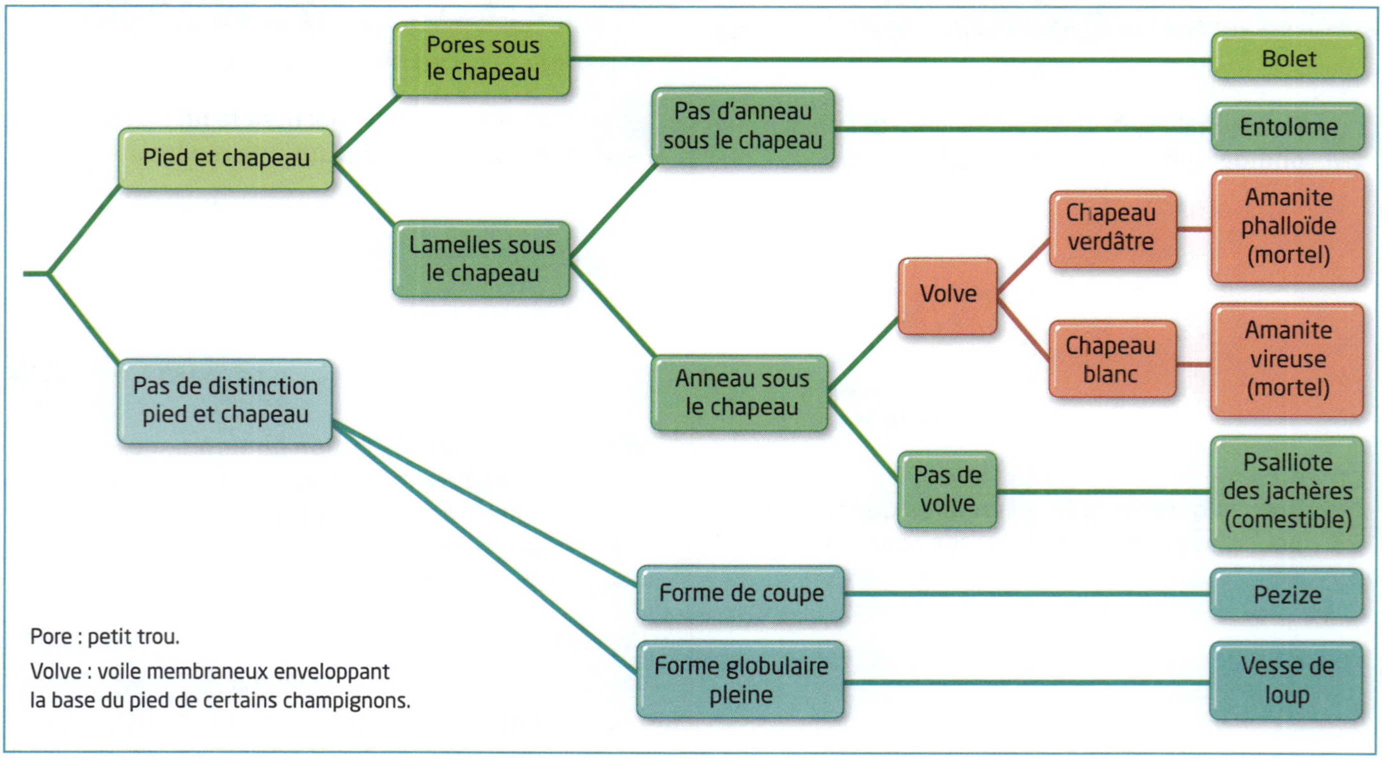

Clé de détermination de certains champignons.

Attention : cette clé de détermination n'est que très partielle, et ne suffit pas pour identifier précisément les champignons. La meilleure des précautions, surtout lorsque l'on a un doute, est de demander l'avis d'un pharmacien avant consommation des champignons.

La cellule : unité d'organisation des êtres vivants

A Découvrir l'organisation microscopique des êtres vivants

Lorsque l'on regarde un animal ou une plante, on repère les différentes parties de son corps, quelques-uns de ses organes (comme la peau), mais on ne sait pas comment ils sont organisés à une plus petite échelle. L'utilisation d'un microscope permet de préciser cette organisation.

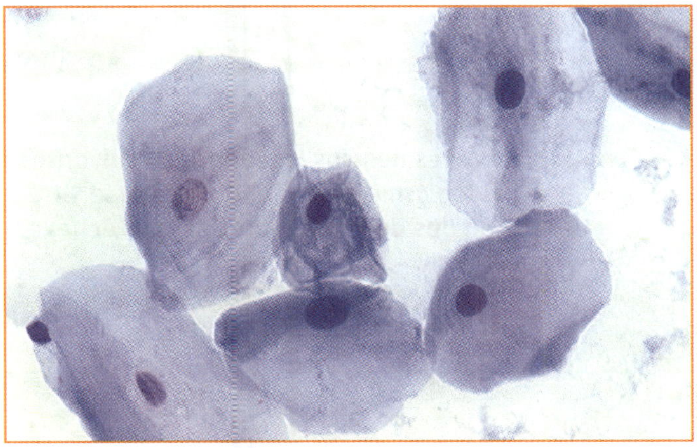

a. Observation au microscope optique de cellules de la muqueuse buccale humaine (x 100).

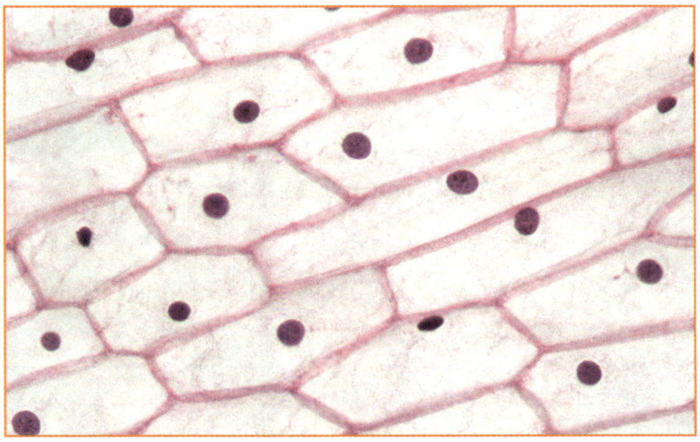

b. Observation au microscope optique de cellules d'épiderme d'oignon (x 40).

> *« Ces observations révèlent que la muqueuse buccale et l'épiderme d'oignon sont constitués de très nombreuses cellules. Chaque cellule est délimitée par une membrane, est remplie d'un milieu liquide appelé cytoplasme et contient un noyau plus ou moins central. »*

1 **Sur chacune des photographies a. et b., entoure en rouge une cellule.**

JE SAIS M'INFORMER ☺ ☹

2 **Dessine* ci-contre deux cellules de muqueuse buccale humaine et deux cellules d'épiderme d'oignon. Légende tes dessins en utilisant les informations données dans le texte.**

JE SAIS RÉALISER UN DESSIN ☺ ☹

JE SAIS RESPECTER DES CONSIGNES ☺ ☹

3 **Précise le titre, le grossissement d'observation et l'échelle de chaque dessin.**

JE SAIS M'INFORMER ☺ ☹

c. . . . .
. . . .
. . . .
. . . .
. . . .

d. . . . .
. . . .
. . . .
. . . .
. . . .

**Consignes* : ton dessin doit être fait au crayon – les traits de dessin doivent être nets – les traits de légende doivent être tirés à la règle – les légendes doivent être écrites horizontalement – le titre doit être écrit au bon endroit.

B Observer et représenter des êtres vivants unicellulaires

« *Certains êtres vivants ne sont constitués que d'une seule cellule. Cette cellule possède une membrane, du cytoplasme et un noyau.* »

1 **Recherche, dans ton livre ou au CDI, deux exemples d'êtres vivants constitués d'une seule cellule et note-les.**

. . . .

. . . .

. . . .

. . . .

. . . .

JE SAIS M'INFORMER ☺ ☹

2 **Dessine dans les cadres ci-dessous les deux êtres vivants que tu as cités.**

JE SAIS RÉALISER UN DESSIN SCIENTIFIQUE ☺ ☹

3 **Ajoute sur tes dessins les légendes suivantes :** *noyau, cytoplasme, membrane*. **Indique le titre de chacun des dessins et précise leur échelle.**

JE SAIS COMMUNIQUER PAR UN DESSIN ☺ ☹

a. . . . .

. . . .

. . . .

b. . . . .

. . . .

. . . .

4 **Évalue tes dessins en remplissant la grille ci-dessous. Mets une croix dans la case si tes dessins répondent bien à ce critère.**

Le dessin est réalisé au crayon.	. . . .
Les traits sont nets.	. . . .
Les traits de légende sont tirés à la règle.	. . . .
Les légendes sont écrites horizontalement.	. . . .
Le dessin ressemble à la réalité (les proportions sont respectées...).	. . . .
Les titres sont présents.	. . . .
Une indication est fournie pour connaître la taille de la cellule (taille réelle indiquée, ou grossissement, ou échelle).	. . . .

JE SAIS RESPECTER DES CONSIGNES ☺ ☹

La classification des êtres vivants

A Découvrir la classification

« Classer les êtres vivants, c'est les regrouper en fonction des caractères qu'ils partagent. »

Des élèves ont observé des animaux d'un jardin et d'un bassin. Ils ont repéré certains de leurs caractères, et le tableau ci-contre présente le bilan de ces observations.

ANIMAL \ CARACTÈRES	Plumes	Yeux	Poils	4 membres	Branchies
Mésange	x	x		x	
Pie	x	x		x	
Chat		x	x	x	
Hérisson		x	x	x	
Crapaud		x		x	
Poisson rouge		x			x

a. Les cases comportant une croix indiquent que l'animal possède le caractère.

Tu vas maintenant classer ces êtres vivants en utilisant les informations apportées par le tableau a.

b. Classification en groupes emboîtés.

a • Délimite par un trait rouge le groupe qui réunit les animaux possédant des plumes.

b • Délimite par un trait bleu le groupe qui réunit les animaux possédant des poils.

c • Délimite par un trait vert le groupe qui réunit les animaux possédant 4 membres.

d • Délimite par un trait orange le groupe qui réunit les animaux qui ont des yeux.

e • Délimite par un trait violet le groupe qui réunit les animaux qui ont des branchies.

f • Dans chacun des groupes que tu as délimités, indique le nom du caractère partagé par tous les animaux du groupe. Tu écriras ce nom de la même couleur que le trait qui délimite le groupe.

JE SAIS M'INFORMER ☺ ☹

JE SAIS RESPECTER DES CONSIGNES ☺ ☹

B Placer un être vivant dans une classification existante

Les élèves ont également observé un lézard dans le jardin, et ils ont noté certains de ses caractères. Les cases comportant une croix indiquent que l'animal possède le caractère.

À l'aide de ces informations, place le lézard dans la classification que tu as réalisée ci-dessus.

ANIMAL \ CARACTÈRES	Plumes	Yeux	Poils	4 membres	Branchies
Lézard		x		x	

JE SAIS RAISONNER ☺ ☹

C Lire une classification

Utilise les informations apportées par la classification présentée ci-dessous pour compléter le tableau. (Mettre une croix dans la case lorsque l'animal possède le caractère indiqué.)

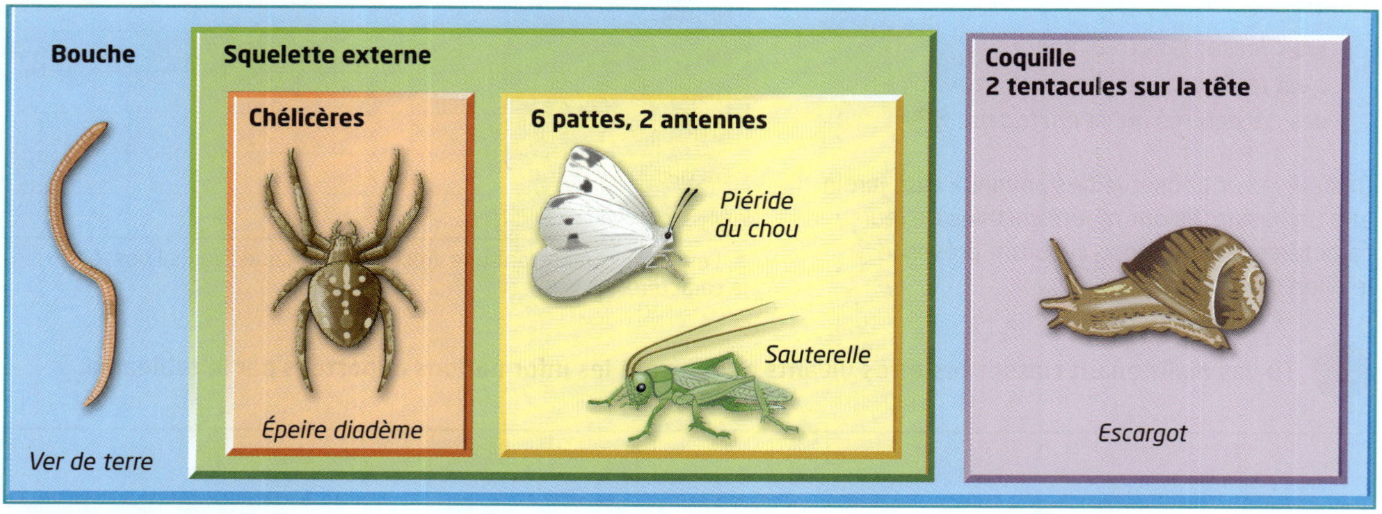

a. Classification en groupes emboîtés de quelques espèces.

CARACTÈRES / ANIMAL	Chélicères	Squelette externe	Coquille	6 pattes	Bouche	2 antennes	2 tentacules sur la tête
Ver de terre							
Escargot							
Piéride du chou							
Épeire diadème							
Sauterelle							

b. Caractères de certains êtres vivants.

JE SAIS M'INFORMER

D Réaliser une classification

Réalise une classification des êtres vivants à partir des informations apportées par le tableau ci-dessous. Pour réaliser cette classification, tu dois représenter des groupes en respectant les consignes suivantes :

- Un groupe réunit tous les êtres vivants qui partagent un même caractère, et eux-seuls.
- Un être vivant a les caractères de tous les groupes auxquels il appartient.

CARACTÈRES / ÊTRES VIVANTS	Pigment vert (chlorophylle)	Fleurs	Yeux	Cellules	Plumes	Poils
Pommier	x	x		x		
Fougère	x			x		
Coquelicot	x	x		x		
Biche			x	x		x
Corbeau			x	x	x	
Coucou			x	x	x	

Les cases comportant une croix indiquent que l'animal possède le caractère.

JE SAIS RAISONNER

Classification en groupes emboîtés.

Histoire des sciences : la découverte des cellules

A Situer dans le temps les premières observations microscopiques

« Les cellules constituant les êtres vivants ne peuvent être observées qu'au microscope.

Robert Hooke et Antonie Van Leeuwenhoek ont mis au point les premiers microscopes, ce qui leur a permis de réaliser de nombreuses observations. »

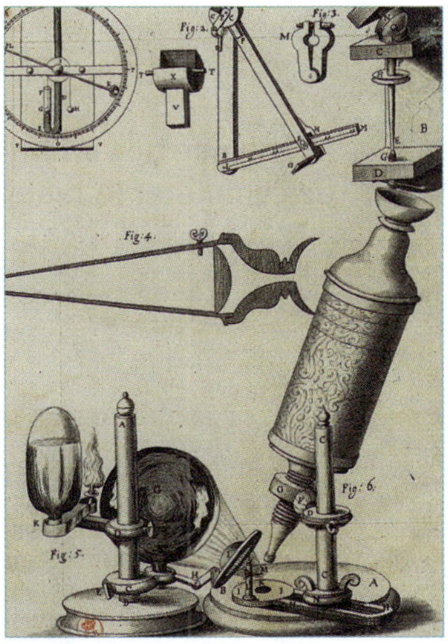

Microscope utilisé par Robert Hooke en 1665.

1 Utilise de façon judicieuse un moteur de recherche pour obtenir à partir d'Internet les informations qui te permettront de répondre à ces questions.

a • Complète le tableau en mettant une croix dans les bonnes cases.
Il se peut que l'on puisse cocher les deux cases sur une même ligne.

	Robert Hooke	Antonie Van Leeuwenhoek
Il est né en 1632 et mort en 1723.		
Il est né en 1635 et mort en 1703.		
Il était le fils d'un fabricant de paniers.		
Il était le fils d'un révérend.		
Il était de nationalité anglaise.		
Il était de nationalité néerlandaise.		
Il a fait la plupart de ses observations pendant la deuxième moitié du XVIIe siècle.		
Son microscope pouvait grossir près de 300 fois.		
Son microscope pouvait grossir environ 30 fois.		
Il a été le premier à utiliser le mot « cellule ».		
Il a été le premier à découvrir les spermatozoïdes.		
Il a été le premier à observer des bactéries et des protozoaires présents dans l'eau.		

b • Qui a réalisé les observations les plus précises : Robert Hooke ou Antonie Van Leeuwenhoek ? Justifie ta réponse.

. . . .

. . . .

c • Comment as-tu obtenu les informations demandées à la question **1 a.** ?
Précise-le en complétant le tableau ci-dessous.

Quel moteur de recherche as-tu utilisé ?	. . . .
Quel(s) mot(s) clé(s) as-tu choisis ?	. . . .
Donne l'adresse du ou des site(s) où tu as trouvé tes informations.	. . . .

JE SAIS UTILISER LES FONCTIONS PRINCIPALES D'UN OUTIL DE RECHERCHE SUR LE WEB ☺ ☹

B Établir un lien entre les observations et les connaissances

« De nos jours, il existe une très grande variété de microscopes ; par exemple, il existe le microscope optique, le microscope électronique à transmission et le microscope électronique à balayage. »

1 Recherche des informations qui te permettent de compléter le tableau ci-dessous.

Microscope	Grossissement maximal
Microscope optique	....
Microscope électronique à transmission	....
Microscope électronique à balayage	....

JE SAIS M'INFORMER ☺ ☹

2 Recherche des informations permettant de préciser quand les microscopes électroniques ont été mis au point ?

....
....
....
....
....
....
....

JE SAIS M'INFORMER ☺ ☹

3 Une même cellule présente des aspects différents selon le moyen d'observation que l'on utilise. Recherche des images montrant un spermatozoïde humain observé avec chacun de ces trois microscopes.
a • Imprime ces images et colle-les dans le tableau ci-dessous.
b • Mets un titre à chacun des documents.

a. ....
....

b. ....
....
....

c. ....
....
....

4 Parmi les trois microscopes cités dans la page, quels sont ceux qui permettent de mieux connaître les cellules ? Justifie ta réponse.

....
....
....
....
....

JE SAIS RAISONNER ☺ ☹

5 Pourquoi a-t-il fallu plusieurs siècles pour que l'on puisse bien connaître les cellules ?

....
....
....
....
....
....

JE SAIS RAISONNER ☺ ☹

Achevé d'imprimer en France par Loire Offset Titoulet - Dépot légal n° 93648-7/05- juin 2013